Bödeker
Prüfung ortsveränderlicher Geräte

ELEKTRO PRAKTIKER
Bibliothek

Herausgeber:
Dipl.-Ing. Klaus Bödeker, Dr.-Ing. Horst Möbus, Obering. Heinz Senkbeil

Dipl.-Ing. Klaus Bödeker

Prüfung ortsveränderlicher Geräte

– BGV A2/GUV 2.10, DIN VDE 0701/0702 –

4., aktualisierte Auflage

Mit CD-ROM

Verlag Technik Berlin

Warennamen werden in diesem Buch ohne Gewährleistung der freien Verwendbarkeit benutzt.
Texte, Abbildungen und technische Angaben wurden sorgfältig erarbeitet. Trotzdem sind Fehler nicht völlig auszuschließen. Verlag und Autor können für fehlerhafte Angaben und deren Folgen weder eine juristische Verantwortung noch irgendeine Haftung übernehmen.

Die Deutsche Bibliothek – CIP-Einheitsaufnahme

Ein Titeldatensatz für diese Publikation ist bei
Der Deutschen Bibliothek erhältlich.

ISSN 0946-7696
ISBN 3-341-01333-4

4., aktualisierte Auflage
© HUSS-MEDIEN GmbH, Berlin 2002
Verlag Technik
Am Friedrichshain 22, 10400 Berlin
Printed in Germany
Gestaltung, Reproduktion und Satz: HUSS-MEDIEN GmbH Berlin
Druck und Buchbinderei: AALEXX Druck GmbH Großburgwedel

Vorwort

Schon nach kurzer Zeit waren die ersten beiden Auflagen – und nun auch wieder die dritte – vergriffen. Autor und Verlag sind darüber sehr erfreut und das auch deshalb, weil so in diese Auflage die inzwischen erfolgten Änderungen in den Normen der Gruppe DIN VDE 0701 mit eingebracht werden konnten.

Nun kann sich jeder Prüfer gründlich über die inzwischen erfolgten Änderungen beim Messen des *Schutzleiter-* und des *Berührungsstroms* sowie über die dafür zugelassenen Verfahren der direkten bzw. der *Differenzstrommessung* und der *Ersatz-Ableitstrommessung* informieren. Darüber hinaus werden ihm selbstverständlich auch die aktuellen Erkenntnisse auf dem Fachgebiet der Geräteprüfung, der Prüfgeräte und der Arbeitssicherheit mitgeteilt.

Erfreulicherweise stehen damit den Fachkollegen der Innungsfachbetriebe des Elektrohandwerks bei ihrem Bemühen zum „E-Check" umfassende und aktuelle Informationen zur Verfügung. Denn bekanntlich gibt es in zahlreichen nicht zur Elektrotechnik zählenden Betrieben und auch in den Privathaushalten noch immer viele Geräte ohne Prüfmarke mit möglicherweise erheblichen Gefährdungen. Hinzu kommen, in leider steigender Zahl, die so genannten „Billiggeräte" deren Zuverlässigkeit erheblich zu wünschen übrig lässt.

Wir sind sicher, unser Buch wird Ihnen eine vorzügliche Hilfe sein und auch weiterhin eine gute Resonanz haben. Bedanken möchte ich mich bei den Lesern meiner Bücher und vielen weiteren Fachkollegen für ihre Anregungen, vor allem aber bei meinem Mitstreiter in Sachen Elektrosicherheit Herrn *R. Kindermann*, der mir mit seinen reichen Erfahrungen im Umgang mit der Messtechnik sehr geholfen hat und auch bei den Mitarbeitern des Verlags Technik für ihre fleißige Arbeit.

Klaus Bödeker

Vorwort zur 1. Auflage

Das Prüfen von elektrotechnischen Anlagen und Geräten ist eine ständige Arbeitsaufgabe des Elektropraktikers. Vor der ersten Inbetriebnahme einer *Anlage* erfolgt deren *Erstprüfung*. Für jedes Gerät muss dessen Hersteller die Übereinstimmung mit den Normen nachweisen, bevor es an den Handel übergeben wird. Anlagen und Geräte sind regelmäßig *Wiederholungsprüfungen* zu unterziehen.

Somit ist es notwendig, in unserer – dem Elektropraktiker verpflichteten – Buchreihe das *Prüfen* in seinen verschiedenen Formen und die damit entstehenden Arbeitsaufgaben gebührend zu berücksichtigen. Zum *Prüfplatz* ist bereits eine Veröffentlichung erfolgt, und demnächst werden wir uns in einem weiteren Buch mit dem Thema „Erstprüfung von Anlagen mit Nennspannung bis 1000 V"* befassen.

An dieser Stelle geht es um die Wiederholungsprüfung der Geräte. Es ist meine Absicht, alle für den Prüfer der Geräte wichtigen technischen und organisatorischen Belange zu behandeln. Er soll möglichst eine Antwort auf alle Fragen finden, die ihm bei der Vorbereitung und Durchführung der Prüfung entstehen können.

Wir wollen dazu beitragen, dass ortsveränderliche Geräte mehr als bisher geprüft werden. Unser Buch soll dem Elektropraktiker helfen, diese Prüfungen so rationell wie möglich durchzuführen. Jeder, der für die Sicherheit seiner Mitarbeiter zu sorgen hat oder als Elektrofachkraft viel für die Sicherheit seiner Kunden und Mitbürger tun kann, soll auf die Notwendigkeit und die Möglichkeiten einer verantwortungsbewussten Arbeit zur Verbesserung der Elektrosicherheit hingewiesen werden.

Wenn sich bei unseren Lesern darüber hinaus weitere Probleme ergeben, so würde ich mich über eine Information freuen. Gerne bin ich auch gemeinsam mit der Redaktion der Zeitschrift „*Elektropraktiker*" zur direkten Diskussion und Hilfe bereit.
Angeregt zu diesem Buch wurde ich durch die vielen Diskussionen, die sich bei Vorträgen und Seminaren zur Prüftechnik und zu den DIN-VDE-Normen ergeben haben. Vor allem waren es die Mitarbeiter und Meister der Elektrohandwerksbetriebe, die mir den Alltag der Prüfer und die dabei entstehenden mannigfaltigen Probleme vor Augen führten. Ihnen dafür und für die immer wieder angenehme Zusammenarbeit zu danken, das ist mein Anliegen. Nicht zu vergessen sind auch die aus den Gesprächen mit Fachkollegen des DKE-Unterkommitees 211.1, von Gossen/Metrawatt, Norma, BEHA, Schupa, Schieritz und Peiser, der TU Dresden sowie der Berufsgenossenschaft Feinmechanik und Elektrotechnik und anderer Gremien entstandenen Anregungen.

Der Lektorin, Frau *S. Wendav*, gilt meine Anerkennung für die viele Mühe mit der Buchreihe und die Geduld mit den Autoren; dass meine Frau alles mit vielerlei Hilfen begleitet hat, auch das muss gesagt werden.

Klaus Bödeker

---

* Das Buch ist inzwischen erschienen, s. [5.13]

Inhaltsverzeichnis

1 Einleitung.. 9

2 Warum, wann und wie sind ortsveränderliche Geräte zu prüfen............... 13
   Notwendigkeit, Nutzen, Aufwand

3 Rechtsgrundlagen des Prüfens.. 18
   Gesetze, DIN-VDE-Normen, Richtlinien
   Verantwortung, Pflicht und Berechtigung zur Prüfung

4 Sicherheit der ortsveränderlichen Geräte.. 30
   Anforderungen, Prüfzeichen
   Gefährdungsmöglichkeiten, Grenzwerte
   Schutzmaßnahmen, Schutzklasse, Schutzart
   Bemessungswerte, Kennwerte, Eigenschaften

5 Art der Prüfung, Prüfaufgabe, Prüffristen.. 51
   Erstprüfung, Wiederholungsprüfung
   Prüfung nach Instandsetzung/Änderung, Funktionsprüfung,
   Prüffristen

6 Durchführen der Prüfung – Besichtigen, Erproben, Messen.................... 61

   6.1 Ablauf und Umfang der Prüfung... 63
       Vorgaben, Prüfprogramme, Prüfgänge, Prüfverfahren
   6.2 Besichtigen..69
   6.3 Nachweis der ordnungsgemäßen Schutzleiterverbindung.......... 71
       Messen des Schutzleiterwiderstands
   6.4 Nachweis des Isoliervermögens durch Messen des Isolations-
       widerstands..78
   6.5 Nachweis des Isoliervermögens durch Messen der Ableitströme.. 86
       Messen des Schutzleiterstroms, Messen des Berührungsstroms,
       Messverfahren der direkten und der Differenzstrommessung,
       Messverfahren "Ersatz-Ableitstrom-Messung"
   6.6 Nachweis des Isoliervermögens durch eine Spannungsprüfung...102
   6.7 Sonstige Prüfaufgaben...105

7	Prüf- und Messgeräte	107
	7.1 Eigenschaften der Prüfgeräte	107
	Vorschriften, Kennwerte,	
	Arten, Anwendung, Einsatzgebiete und -bedingungen	
	7.2 Auswahl der Prüfgeräte	109
	7.3 Besonderheiten beim Anwenden der Prüfgeräte	111
8	**Vorbereitung der Prüfung**	123
	Organisation, Verantwortung, Betriebsanweisung, Prüforte, Prüfvorschriften	
9	**Prüfplätze und Arbeitssicherheit**	130
	Gefährdungen, Schutzmaßnahmen, ortsfester und zeitweiliger Prüfplatz, Vorgaben für die Arbeitssicherheit	
10	**Nachweis der Prüfung**	137
	Verantwortung, Protokolle, Messwerte, Kennzeichnung der Betriebsmittel	
Anhang 1:	Fachausdrücke und ihre Definition	151
Anhang 2:	Beispiele der Prüfmittel und des Prüfzubehörs	158
Anhang 3:	Adressen der Hersteller von Prüfeinrichtungen und Prüfhilfsmitteln	169
Anhang 4:	Informationsblatt für nichtfachkundige Nutzer von Elektroanlagen	170
Anhang 5:	Prüfzeichen	172
Anhang 6:	Vergleich der Festlegungen in den Normen DIN VDE 0701 und DIN VDE 0702	173
	Hinweis zur CD-ROM	174
	Literaturverzeichnis	175
	Register	179

1 Einleitung

Mit ortsveränderlichen elektrotechnischen Geräten kommen Kinder und Erwachsene tagtäglich in Berührung. Dies geschieht sowohl im dienstlichen als auch im privaten Bereich, innerhalb eines Gebäudes ebenso wie im Freien und immer mit mehr oder weniger großem Verständnis für die Besonderheiten der Elektrotechnik. Vielfach werden die Geräte bewusst, oft aber auch zufällig berührt, fest umfasst und bei den unterschiedlichsten Tätigkeiten benutzt. Jeder erwartet, dass ihm dabei nichts passieren kann. Jeder nimmt an, diese Geräte wurden so konstruiert, dass sie gegenüber allen üblichen Beanspruchungen und vielleicht auch bei einem unsachgemäßen Gebrauch genügend widerstandsfähig sind. Dies ist ein großer Vertrauensbeweis für uns Elektrotechniker.

Andererseits aber müssen wir feststellen, dass so mancher unserer Mitbürger ein Elektrogerät auch dann noch verwendet, wenn es offensichtlich schadhaft ist. Ein Grund für uns zum Nachdenken. Liegt es am ungenügenden Wissen über die möglichen Gefährdungen durch die Elektrizität? Ist es Leichtsinn? Wird angenommen, ein Gerät, das wunschgemäß funktioniert, sei damit auch sicherheitstechnisch in Ordnung? Wird es von seinem Benutzer vor der Inbetriebnahme nicht oder nur oberflächlich betrachtet?

Wie dem auch sei, meist werden die Geräte erst dann zum Fachmann gebracht, wenn sie nicht mehr funktionieren oder sehr stark beschädigt sind. Sie vorbeugend und regelmäßig dem Elektrotechniker im Geschäft um die Ecke vorzustellen, auf diesen Gedanken kommen die wenigsten. Offensichtlich fehlt es an einer ausreichenden und überzeugenden Information.

Woher aber soll sie kommen? Wer informiert den Nichtfachkundigen? Und wie ist es im gewerblichen Bereich? Wird jeder Unternehmer seiner Pflicht gerecht, dafür zu sorgen, dass ausschließlich einwandfreie, regelmäßig geprüfte Geräte benutzt werden? Organisiert er ständige Kontrollen und die notwendigen Prüfungen? Sind die Mitarbeiter eines Unternehmens am Arbeitsplatz kritischer als zu Hause? Lehnen sie es ab, mit defekten oder nicht regelmäßig geprüften Geräten zu arbeiten? In welchem Zustand befinden sich die Leitungen und Geräte auf Baustellen, in Werkhallen und in landwirtschaftlichen Betrieben? Man kommt nicht umhin festzustellen, dass oft Anlass zur Besorgnis besteht.

Es bleibt noch sehr viel zu tun (**Tafel 1.1**). Mehr als bisher müssen die ortsveränderlichen Geräte vorbeugend kontrolliert und geprüft werden. Ziel ist und bleibt es „… entstehende Mängel, mit denen gerechnet werden muss, rechtzeitig festzustellen …" [1.2], d. h. sie zu beheben, bevor es zu einem Unfall kommen kann (**Tafel 1.2**)

Sind nun die Elektrowerkstätten der Handwerks- und anderer Betriebe für derartige Prüfungen ausgerüstet? Sicherlich ja. Gibt es ausreichend geeignete Prüfgeräte, mit denen in den Haushalten und Büros, auf Baustellen, in Kindergärten und anderswo schnell, zuverlässig und sicher geprüft werden kann? Sicher auch das. Fehlen gesetzliche Vorgaben oder Normen? Fehlt es an Fachkräften, die in der Lage sind diese Prüfungen durchzuführen? Keinesfalls. Und wieso kommt es dann zu diesem unbefriedigenden Zustand? Diese Frage steht natürlich vor uns Elektrofachkräften. Welche Antwort können wir geben?

Wir wenden uns aber auch an Unternehmer, Geschäftsführer und alle anderen Nichtfachleute in vergleichbarer verantwortlicher Position. Sie sind die eigentlich Verantwortlichen für die Sicherheit ihrer Mitarbeiter und damit auch für das Prüfen der Betriebsmittel. Vielleicht kann die jeweils verantwortliche Elektrofachkraft unser Buch benutzen, um ihren Vorgesetzten darauf hinzuweisen, was alles noch zu tun, durchzusetzen und zu beschaffen ist.

Vielleicht werden manche Fachkollegen sagen, ist denn soviel Aufwand zur Erläuterung der doch relativ einfachen Prüfvorgänge notwendig? Nun ja, das mag der Leser entscheiden, nachdem er sich damit beschäftigt hat. Eines aber ist gewiss, wichtiger als ausgeklügelte Prüfvorschriften und hochmo-

Tafel 1.1   Zustand der Betriebsmittel einer Baustelle bei einer unangemeldeten Kontrolle

Anzahl der nach BGV A2 zu prüfenden Betriebsmittel	328	100 %
davon		
– fehlerhafte Betriebsmittel (geringfügig bis schwerwiegend)	229	70 %
– ohne Prüfmarke als Bestätigung einer bereits einmal durchgeführten Prüfung	98	30 %
– Prüfmarke mit abgelaufenem Termin	86	25 %
– Prüfmarke aktuell, Betriebsmittel im Kontrollturnus	146	45 %

Anmerkung: Auf der Baustelle waren zum Zeitpunkt der Kontrolle 8 verschiedene Firmen tätig; eine verantwortliche Elektrofachkraft des Bauherrn für die Baustelle war nicht eingesetzt worden.

Tafel 1.2 Ursachen von Elektrounfällen (Quelle: Informationsmaterial der BGFE)

Unfallursache	Fachkräfte	Laien	Schlussfolgerungen
Verhaltensfehler Vorschrift nicht beachtet nicht fachgerecht verhalten falsche Organisation (bei einigen Unfällen wurden mehrere Ursachen wirksam)	45 % 33 % 10 %	14 % 19 % 24 %	Mehr Konsequenz der Fachkräfte bei dem Beachten der BGV A2 und der DIN-VDE-Normen, konsequenteres Wahrnehmen der Prüfpflicht der Anlagen und Betriebsmittel durch den Unternehmer, mehr Information der Laien durch die Fachkräfte
technischer Fehler an Betriebsmitteln/Anlagen	12 %	50 %	Mehr Konsequenz der Laien bei dem Beauftragen einer Elektrofachkraft mit der Prüfung von Anlagen und Betriebsmitteln

derne Prüfgeräte ist, dass möglichst viele und immer mehr Geräte regelmäßig den Fachleuten unter die Augen kommen. Und noch eines sollte gesagt werden. Am Ende jeder Prüfung steht der Dialog des Prüfers mit den Angaben seiner Prüfgeräte und den Reaktionen seines Prüflings. Nur er kennt seine Pappenheimer, nur er kann entscheiden.

Zur Arbeit mit dem Buch

Jeder Abschnitt des Buches beginnt mit einer kurzen Einführung in die jeweilige Thematik. Anschließend werden die wesentlichen inhaltlichen Aspekte in Form von Frage und Anwort behandelt.
Um die Übersichtlichkeit zu gewährleisten, wird wie folgt verfahren.
- Eckige Klammer mit Ziffernkombination, z. B. [1.1], bedeutet immer Hinweis auf das Literaturverzeichnis am Ende des Buches.
- Runde Klammer mit Buchstabe F und Ziffernkombination, z. B. (F 3.2), weisen auf eine an anderer Stelle dieses Buches behandelte Frage hin, in diesem Fall Frage 2 im Abschnitt 3.
- Alle Fachausdrücke, die im Anhang erklärt werden, sind im Text *kursiv* gekennzeichnet, z. B. *Betriebsmittel, Gerät, Isoliervermögen*.
- Die Fotos der Prüfmittel sind im Anhang 2 zusammengefasst.

Der Leser sei noch darauf hingewiesen, dass in den Gesetzen und Normen von „zu prüfenden Betriebsmitteln" und von „dem Prüfen der Geräte" die Rede ist. Im Text dieses Buches werden die Fachbegriffe *Betriebsmittel* und *Gerät* gleichwertig behandelt, vornehmlich wird von den zu prüfenden Geräten gesprochen.
Unser Buch umfasst entsprechend dem Geltungsbereich von DIN VDE 0701/0702 das Prüfen aller nach DIN-VDE- bzw. in Europa harmonisierten

DIN-EN-Normen hergestellten ortsveränderlichen Geräte, die im gewerblichen, öffentlichen oder privaten Bereich angewandt werden. Bei speziellen Erzeugnissen, z. B. der Medizintechnik oder für explosionsgefährdete Räume, sind darüber hinaus weitere Prüfvorgaben zu beachten. Hinzuweisen ist auch auf die speziellen Vorgaben für die Prüfung von Industriemaschinen nach DIN VDE 0113 [3.56]. Diese sind teilweise recht speziell und werden in unserem Buch nicht behandelt. Ortsfeste Geräte können nach ihrer Trennung von der Anlage ebenfalls nach den in diesem Buch dargestellten Methoden geprüft werden.

Schließlich ist noch zu bemerken, dass die allbekannte Unfallverhütungsvorschrift VBG 4 seit kurzem unter der Bezeichnung BGV A2 geführt wird.

2 Warum, wie und wann sind ortsveränderliche Geräte zu prüfen

Sicherlich wird diese Frage oftmals mit dem Hinweis auf gesetzliche Vorgaben [1.1] [1.2] [1.5] und die DIN-VDE-Normen beantwortet. Und in der Tat, die dort getroffenen Festlegungen sind wohl der wesentliche Grund dafür, dass ortsveränderliche Geräte nach einer Instandsetzung oder Änderung und dann auch vorbeugend, zum Erhalt der Sicherheit in dem heute üblichen Umfang geprüft werden.

Ohne den damit für gewerbliche Betriebe, öffentliche Einrichtungen und gleichgestellte Institutionen vorhandenen Zwang würde es um die fachgerechte und rechtzeitige Durchführung dieser Prüfungen schlecht oder, wenn man so will, noch schlechter bestellt sein (Tafel 1.1).

Wo er fehlt, besteht kein anderer gleichwertiger Anlass etwas für die Sicherheit zu tun. Dies zeigt sich am deutlichsten im privaten Bereich. Aber auch dort, wo durch die Forderungen der Unfallverhütungsvorschrift BGV A2 (früher VBG 4) „Elektrische Anlagen und Betriebsmittel" [1.2] [1.5] eindeutige und zwingende Erlasse erhoben werden, zeigt sich mitunter eine erschreckende Gleichgültigkeit (Tafel 1.2).

Die Sicherheit hat nicht überall den Stellenwert, den sie verdient.

Nun können aber auch gesetzliche Festlegungen und DIN-VDE-Normen nur Hilfsmittel sein, um das durchzusetzen, was eigentlich selbstverständlich ist. Viel wesentlicher sind das Verständnis für diese Problematik und das eigene Sicherheitsdenken bei demjenigen, der in einem Unternehmen oder in seinem privaten Bereich Verantwortung für andere trägt und somit zu entscheiden hat, ob, wie und wann die Betriebsmittel geprüft werden.

Nur wenn dieser Verantwortliche (**Tafel 2.1**) über die möglichen Gefährdungen und die notwendigen Maßnahmen der Elektrosicherheit ausreichend informiert ist, wird es in seinem Verantwortungsbereich zur ordnungsgemäßen Prüfung und der notwendigen Sicherheit kommen. Dieses Wissen kann ihm aber nur durch eine erfahrene und verantwortungsbewusste Elektrofachkraft vermittelt werden.

Frage 2.1 Warum werden Prüfungen gefordert?

Wer ein technisches Betriebsmittel herstellt, in den Verkehr bringt [1.2] [1.5] [2.1] oder anderen für ihre Tätigkeit zur Verfügung stellt [1.2], hat für dessen ordnungsgemäßen Zustand zu sorgen. Dies betrifft sowohl die Funktion als auch alle der Sicherheit dienenden Maßnahmen und Einrichtungen.
Bei elektrischen Betriebsmitteln sind Defekte an den sicherheitstechnischen Einrichtungen und damit die auftretenden Gefährdungen nicht immer offensichtlich. Dem Nichtfachmann ist es daher kaum möglich, sie zu erkennen. Hinzu kommt, dass er aufgrund seiner fehlenden Kenntnisse die möglichen Gefährdungen unterschätzt und dann selbst bei erkennbaren Mängeln keine Elektrofachkraft hinzuzieht.

Tafel 2.1 Verantwortung für das Prüfen der ortsveränderlichen Geräte

Verantwortung	Verantwortlicher
A in gewerblichen Betrieben, Behörden u.ä.	
1. Gewährleisten der Prüfung nach BGV A2/GUV 2.10	Unternehmer bzw. die/der von ihm mit der Verantwortung für das Umsetzen von BGV A2/GUV 2.10 beauftragte Elektrofachkraft/Elektrofachbetrieb
2. Organisation, Vorbereitung der Prüfung Aufsicht über die Prüfung	Verantwortliche Elektrofachkraft des Betriebes oder des beauftragten Elektrofachbetriebs nach 1.
3. Durchführen der Prüfung nach den DIN-VDE-Normen [3.25] [3.41] und im Einzelfall getroffenen Festlegungen	Verantwortliche Elektrofachkraft nach 1. bzw. die von ihr beauftragte Elektrofachkraft/ unterwiesene Person (F 3.1)
4. Gewährleisten der Arbeitssicherheit beim Prüfen nach DIN-VDE-Normen [3.7]	verantwortliche Elektrofachkraft nach 1.
B im privaten Bereich	
1. Gewährleistung der Prüfung	privater Eigentümer der Geräte
2. Organisation der Prüfung	privater Eigentümer der Geräte
3. Durchführen der Prüfung nach den DIN-VDE-Normen	verantwortliche Elektrofachkraft des beauftragten Elektrofachbetriebs
C im Elektrofachbetrieb	
1. Für die eigenen Betriebsmittel wie unter A	Unternehmer/Leiter des Elektrofachbetriebs
2. Für die Betriebsmittel der Kunden gemäß Auftrag nach den o.g. Punkten A3/A4 oder B3	Unternehmer/Leiter des Elektrofachbetriebs

Dies macht es notwendig,
- Gesetze zum Schutz der Bürger zu erlassen, in denen die Schutzziele benannt werden [2.1],
- Normen zu erarbeiten, in denen die Sicherheitsmaßstäbe und die zu deren Nachweis erforderlichen Messmethoden enthalten sind [3.25] [3.41],
- regelmäßige Kontrollen zu organisieren und diese, soweit wie möglich, gesetzlich durchzusetzen [1.2] [1.5].

Frage 2.2 Aus welchem Anlass ist eine Prüfung durchzuführen?

Für den jeweiligen Vorgesetzten, den Werkstätten-, Büro- oder Bauleiter, den Leiter einer Arbeitsgruppe usw. besteht ein solcher Anlass, wenn
- der in betrieblichen Festlegungen vorgesehene Termin herangekommen ist,
- er bei seinen täglichen Kontrollen ein möglicherweise defektes Gerät ermittelt,
- in seinem Verantwortungsbereich ein Gerät genutzt wird, auf dem sich kein Hinweis (Prüfmarke o. ä.) über die ordnungsgemäße Durchführung einer Prüfung befindet,
- ein betriebsfremdes Gerät entdeckt wird,
- eines der Geräte nicht ordnungsgemäß funktioniert.

Für die verantwortliche Elektrofachkraft gelten diese Anforderungen ebenfalls. Für sie ist eine Prüfung darüber hinaus sinnvoll, wenn
- Geräte unsachgemäß benutzt, gelagert oder auf andere Weise übermäßig beansprucht wurden,
- gleichartige Geräte teilweise erhöhte Ausfallquoten aufweisen, so dass mit einem „... **entstehenden Mangel gerechnet werden muss** ..." [1.2] [1.5].

Frage 2.3 Welchen Nutzen hat die rechtzeitige und regelmäßige Prüfung?

Als unmittelbarer Nutzen ist der sichtbar vorschriftsmäßige Zustand der Geräte zu nennen. Damit werden für das arbeitsschutzgerechte Verhalten der Mitarbeiter und ihren ordnungsgemäßen Umgang mit den Anlagen und Geräten Maßstäbe gesetzt. Dies zahlt sich aus. Außerdem nimmt sich der jeweils Verantwortliche damit selbst in die Pflicht, er wird dann auch alle anderen Aufgaben der Arbeitssicherheit mit gleicher Konsequenz und Regelmäßigkeit bedenken, durchsetzen und somit Arbeitsunfälle vermeiden. Er zeigt, dass er die Arbeitssicherheit ernst nimmt und das Wohlergehen seiner Mitarbeiter für ihn große Bedeutung hat.
Dass sich ein solches Verhalten letztendlich auch in einem besseren Be-

triebsergebnis niederschlägt, ist vielfach bewiesen [5.1]. Auch der persönliche materielle und ideelle Schaden oder Aufwand, der für den jeweils Verantwortlichen infolge eines Unfalls auftreten würde (**Tafel 2.2**), hat einen hohen Stellenwert. Die unangenehmen Formalitäten und Bemerkungen, die sich bei dem Besuch eines Mitarbeiters der Berufsgenossenschaft oder der Gewerbeaufsicht ergeben können, sind dabei das wenigste.

Frage 2.4 **Mit welchem Aufwand ist zu rechnen, wenn die vorgeschriebenen Wiederholungsprüfungen ordnungsgemäß vorgenommen werden?**

Eine allgemeingültige Antwort ist nicht möglich. Handelt es sich um die meist schutzisolierten Geräte einer Verwaltung, so genügt es z. B., jährlich oder in größeren Zeitabständen (Tafel 5.1) eine Sichtprüfung der Geräte am Ort ihrer Verwendung vorzunehmen und dann über eventuelle weitere Prüfungen (F 6.2) zu befinden. Geht es hingegen um hochbeanspruchte Betriebsmittel einer Baustelle, so kann es in Grenzfällen notwendig sein, täglich zu besichtigen und gegebenenfalls dann sofort Prüfungen (F 5.3) durchzuführen. Nur eine mit den Prüfaufgaben und den örtlichen Bedingungen bestens vertraute Elektrofachkraft kann die Notwendigkeit und den Umfang dieser Arbeiten hinreichend genau bestimmen.

Der unmittelbare Zeitaufwand für eine komplette Wiederholungsprüfung hängt von der Art der zu prüfenden Geräte und den verwendeten Prüfgeräten ab. Er liegt näherungsweise zwischen

Tafel 2.2   Schäden an Geräten als anteilige Unfallursache
(Erfassung über 15 Jahre durch die BG der Feinmechanik und Elektrotechnik)

Sachlich bedingte und organisatorische Unfallursache	Anzahl Unfälle	davon tödlich
Steckvorrichtungen oder Leitungsisolation defekt	3641	47
Kupplung verkehrt zusammensteckbar, Isolierung überbrückt oder defekt	353	8
Schutzleiterdefekte	1695	81
fehlender oder mangelhafter Berührungsschutz	1291	32
fehlender oder mangelhafter Schutz gegen elektrischen Schlag	694	50
fehlende oder fehlerhafte Aufsicht	2030	275
Verschulden Dritter, Instandsetzung durch fachunkundige Personen	1797	64
ungenügende Ausbildung oder Belehrung	544	8
sonstige Ursachen	7875	162

FLUKE.

Neu

Entscheiden Sie sich für die neue Serie 180...

...die Multimeter für Profis, die keine Kompromisse machen.

- Schnellste Ergebnisse
- Großes Multi-Display
- Höchste Genauigkeit
- Bis 100 kHz Bandbreite
- Erweiterte Funktionen
- Sicherheit nach EN 61010 KAT III und KAT IV
- Unübertroffene Robustheit
- Längste Gewährleistung

Fluke. *Damit Ihre Welt intakt bleibt.*

Weitere Informationen und eine Demonstration finden Sie unter:
www.fluke.de

oder direkt bei Ihrem Distributor

☎ 05 61 / 95 94 - 0

Ab 337 €

Premium-Multimeter für anspruchsvolle Anwendungen

Fluke Deutschland GmbH
Heinrich-Hertz-Straße 11 · 34123 Kassel
Tel.: 05 61 / 95 94 - 0 · Fax: 05 61 / 95 94 - 1 11
eMail: info@de.fluke.nl · Internet www.fluke.de

digitale Gerätetester von NEUTEC

GT-GE 0701/0702-D
Prüfungen nach DIN VDE 0701 und DIN VDE 0702
Wiederholungsprüfungen BGV A2 (früher VBG 4)

- Prüfungen nach DIN VDE 0701 und DIN VDE 0702
- Komfortable Bedienung durch Dialogführung über LCD-Display
- Einzelschrittprüfung oder automatischer Prüfablauf
- Keine manuelle Netzsteckerverpolung vom Prüfling notwendig
- Differenzstrommessverfahren

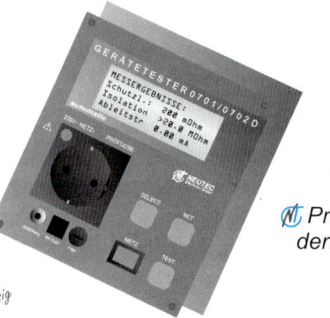

- RS 232C-Schnittstelle
- Anschluss für Barcodeleser
- Manuelle oder automatische Grenzwerteinstellung
- Automatisches Einstellen des Prüfablaufs über PC
- Protokollerstellung und Verwaltung der Prüfdaten über PC-Software mit Windows-Benutzeroberfläche
- ...und vieles mehr

NEUTEC Electronic GmbH — präzise & zuverlässig

ELEKTRO PRAKTIKER Bibliothek

Klaus Bödeker/Robert Kindermann
Erstprüfung elektrischer Gebäudeinstallationen
mit Checklisten zu allen Prüfabläufen

- Ein Kerngebiet des Elektroinstallateurs ist die Erstprüfung von Elektroanlagen nach der Errichtung. Neben dem Prüfen durch Besichtigen werden u. a. der Nachweis des Isoliervermögens, des Potentialausgleichs, das Prüfen der Schutzmaßnahmen gegen elektrischen Schlag und der Nachweis des Schutzes gegen thermische Einwirkungen behandelt. Auch das Prüfen besonderer Teilanlagen an besonderen Orten wird berücksichtigt sowie das Einbeziehen bestehender Anlagen in die Erstprüfung.

- Sie erfahren:
  – wie die Erstprüfung einer elektrischen Anlage vorzubereiten ist
  – welche Normen, Gesetze und anderen Vorgaben berücksichtigt werden müssen
  – was vom Vorgesetzten und dem verantwortlichen Prüfer zu beachten ist
  – wer Verantwortung für die Qualität der Prüfung und für die Sicherheit der Prüfer trägt
  – wie sich der Prüfer vorbereiten sollte und welches Fachwissen er beherrschen muss
  – was zwingend zu prüfen ist und was der Prüfer selbst zu entscheiden hat
  – mit welchen Prüfmethoden und Prüfgeräten gearbeitet werden sollte
  – welche Fehler bei der Prüfung auftreten können

184 Seiten, 45 Bilder, 36 Tabellen, Paperback
ISBN 3-341-01224-9
€ 29,80

Tel.: 030/4 21 51-325 · Fax: 030/4 21 51-468
eMail: versandbuchhandlung@hussberlin.de
www.technik-fachbuch.de

Verlag Technik

- 5 Minuten bei einfachen Geräten der Schutzklasse II (Tischleuchte) bzw.
- 5 bis 10 Minuten bei einfachen Geräten der Schutzklasse I (Bohrmaschine) und
- 15 bis 30 Minuten bei komplizierteren Geräten (Prüftafel Bild 7.5 a, Anhang 2).

Frage 2.5 Ist das Prüfen der Betriebsmittel eine Arbeitsaufgabe, die für den prüfenden Betrieb Gewinn erbringen kann?

Erfolgen die Prüfungen im Auftrag eines Betriebes, einer Behörde, einer Wohnungsgesellschaft oder ähnlicher Einrichtungen, so werden sie wie andere Arbeiten abgerechnet. Infolge der Vielzahl der zu prüfenden Geräte fallen dann die Vorbereitungszeiten usw. nicht so sehr ins Gewicht.

Anders ist es, wenn ein einzelner Privatkunde einige wenige Geräte prüfen lässt. Wird diesem dann die tatsächlich angefallene Prüf- und Vorbereitungszeit in Rechnung gestellt, so wird er wohl kaum wieder auf den Gedanken kommen, seine Geräte dem Fachmann vorzustellen. Um hier einen Kompromiss zwischen moralischer/fachlicher Pflicht (Tafel 2.1) und dem selbstverständlichen Geschäftsinteresse zu finden, bedarf es dann schon einer klugen Geschäftspolitik. Bewährt hat sich die Methode, das Prüfen der ortsveränderlichen Geräte in Privathaushalten mit ohnehin dort zu leistenden, umfangreicheren Aufgaben des Errichtens und Wartens der Anlagen zu verbinden.

Vielleicht lassen sich auch Kunden *gewinnen*, indem man ihnen den „Rat des Fachmanns" und damit verbunden das Prüfen der ortsveränderlichen Geräte kostenlos oder kostengünstig anbietet (Anhang 4).

Ein solches Marketing des Elektrofachbetriebes kommt bisher entschieden zu kurz. Viele Anregungen, die sich auch in dem hier behandelten Zusammenhang nutzen lassen, bieten einige Bücher unserer Reihe [5.10] [5.13]. Werden sie angewandt, so ist viel gewonnen

- an Sicherheit, für den Kunden
- an Kunden, für den Elektrofachbetrieb.

3 Rechtsgrundlagen des Prüfens

Elektrische Anlagen und Betriebsmittel müssen sicher sein. Sie sind so herzustellen und zu betreiben, dass von ihnen keine Gefahr für Menschen, Nutztiere und Sachwerte ausgehen kann. Diese grundsätzliche Forderung erhält ihre Verbindlichkeit durch gesetzliche Vorgaben, vor allem durch:
1. Das Gesetz über technische Arbeitsmittel (Gerätesicherheitsgesetz) [2.1]
2. Die Unfallverhütungsvorschriften BGV A2/GUV 2.10
3. Die im Bereich der EU harmonisierten bzw. DIN-VDE-Normen

Für die ortsveränderlichen Geräte wird darin festgelegt:
– „Der **Hersteller** oder Einführer von technischen Arbeitsmitteln darf diese nur dann in den Verkehr bringen, wenn sie nach den **allgemein anerkannten Regeln der Technik** so beschaffen sind, dass Benutzer oder Dritte bei ihrer bestimmungsgemäßen Verwendung gegen Gefahren soweit geschützt sind, wie es die Art der bestimmungsgemäßen Anwendung gestattet" [2.1].
– „Der **Unternehmer** hat dafür zu sorgen, dass die elektrischen Anlagen und Betriebsmittel den **elektrotechnischen Regeln** entsprechend betrieben werden" [1.2] [1.5].

In beiden Rechtsvorschriften werden mit den **Regeln** die DIN-VDE- Normen angesprochen. Deren Anwendung ist somit zwingend vorgegeben.
Wer ortsveränderliche Geräte herstellt oder verändert, hat die entsprechenden Normen zu berücksichtigen, z. B.
– DIN VDE 0700 Teil 1(EN60335-1) „Sicherheit elektrischer Geräte für den Hausgebrauch und ähnliche Zwecke" Teil 1 „Allgemeine Anforderungen" [3.24] bis Teil 7000 „Waschmaschinen".

Wer sie betreibt, wartet und instandsetzt, muss beachten:
– DIN VDE 0701 „Instandsetzung, Änderung und Prüfung elektrischer Geräte" Teil 1 sowie die weiteren Teile dieser Norm [3.25] bis [3.40].
– DIN VDE 0105 Teil 100 [3.8] "Betrieb von elektrischen Anlagen" für die fest mit der Anlage verbundenen Verbrauchsgeräte.

Für denjenigen, der mit turnusmäßigen Prüfungen beauftragt ist, bietet
- DIN VDE 0702 „Wiederholungsprüfungen an elektrischen Geräten" [3.41] die einzuhaltenden Vorgaben.

Für besondere Geräte und spezielle Einsatzfälle gelten außerdem weitere Normen ([3.54] u. a.) sowie gegebenenfalls auch Festlegungen bestimmter Institutionen, z. B. des Gesamtverbandes der deutschen Versicherungswirtschaft e. V. [4.1].

Die vorstehend genannten **Rechtsvorschriften** dienen der Sicherheit im Umgang mit den elektrotechnischen Geräten. Sie enthalten keine die Funktion und die Wirksamkeit der Geräte betreffenden Festlegungen, sondern **nur** rechtliche Vorgaben zur Sicherheit. Die **Normen** zum Prüfen der ortsveränderlichen Geräte betreffen somit **nur** den Nachweis der Wirksamkeit aller der Sicherheit dienenden Maßnahmen und Einrichtungen. Ob im Zusammenhang auch das Prüfen der Gesamtfunktion vorgenommen werden muss, um dem Benutzer ein sicheres und funktionsfähiges Gerät übergeben zu können, hat die jeweils verantwortliche Elektrofachkraft zu entscheiden.

Vorgaben zur Arbeitssicherheit für den Prüfenden sind zu finden in:
- UVV BGV A2/GUV 2.10 „Elektrische Anlagen und Betriebsmittel",
- Arbeitsstättenverordnung [2.4],
- DIN VDE 0104 Errichten und Betreiben von elektrischen Prüfanlagen [3.7].

Schließlich geht es noch um die erforderliche **Qualifikation des Prüfenden**. Aus den Festlegungen in der UVV BGV A2/GUV 2.10, den Erläuterungen dazu [5.7] und der DIN VDE 1000 [3.2] lassen sich die notwendigen Konsequenzen ableiten (F 3.1).

Verantwortung für das Prüfen

Jeder, der andere Personen beschäftigt, mit ihnen einen Arbeitsvertrag abschließt, ist für deren Arbeitssicherheit verantwortlich. Wie diese Verantwortung wahrzunehmen ist, wird in den Unfallverhütungsvorschriften festgelegt. Um den Gefahren der Elektrizität zu begegnen, wird in der UVV BGV A2 § 5 vorgeschrieben, dass die elektrischen Anlagen und Betriebsmittel des betreffenden Arbeitsbereiches durch eine *Elektrofachkraft* oder unter ihrer *Aufsichtsführung* geprüft werden müssen
- vor der ersten Inbetriebnahme,
- nach Änderungen oder Instandsetzung,
- in bestimmten Zeitabständen.

Der Verantwortliche, d. h. der Unternehmer, der Leiter einer Institution, einer Lehranstalt, einer Behörde usw. ist bezüglich der Elektrotechnik meist nicht fachkundig. Er wird die ihm damit zufallende *Führungs-* und/oder *Fachverantwortung* dann einer Elektrofachkraft übertragen. Welche Einzelverantwortungen davon berührt werden, zeigt Tafel 2.1. Für die Vorgabe der Prüfaufgaben, das Bestimmen des Ortes der Prüfung, den Prüfablauf, die Maßnahmen der Arbeitssicherheit und die erforderliche Aufsicht ist dann die *verantwortliche Elektrofachkraft* zuständig (F 3.1). Ausgangspunkt ihrer Entscheidung sind die Vorgaben aus der UVV BGV A2 [1.2], gleichartigen Festlegungen, z. B. des öffentlichen Dienstes, und den oben genannten Normen.

Frage 3.1 Darf jede Elektrofachkraft mit dem Prüfen ortsveränderlicher Geräte beauftragt werden?

Die für das Prüfen vom Unternehmer eingesetzte *verantwortliche Elektrofachkraft* muss, so ist es der Definition (Anhang 1) zu entnehmen, über ausreichende Kenntnisse und Erfahrungen auf dem Fachgebiet des Prüfens verfügen. Von dieser verantwortlichen Elektrofachkraft dürfen weitere Elektrofachkräfte oder elektrotechnisch unterwiesene Personen nur dann den Auftrag zum Prüfen erhalten, wenn sie ebenfalls die zum Erfüllen des Arbeitsauftrags notwendigen Kenntnisse und Erfahrungen haben. Eine Elektrofachkraft, deren Arbeitsgebiet z. B. das Errichten von Hochspannungsanlagen ist, wird normalerweise keine ausreichenden Erfahrungen über das Prüfen der Niederspannungsgeräte besitzen. Sie kann somit nicht, oder nur nach einer ausreichenden Einarbeitungszeit unter der Anleitung einer erfahrenen Elektrofachkraft, für das Prüfen der Geräte eingesetzt werden.

Frage 3.2 Dürfen elektrotechnisch unterwiesene Personen mit Prüfarbeiten beauftragt werden?

Von der *elektrotechnisch unterwiesenen Person* wird „lediglich" fachgerechtes Verhalten und das Ausführen von Arbeiten in einem vorgegebenen begrenzten Rahmen verlangt. Es gehört nicht zu ihren Aufgaben, umfassende Beurteilungen der zu prüfenden Geräte abzugeben oder besondere Gefährdungen zu erkennen. Insofern kann sie allein nicht festlegen, welche Prüfungen an einem Gerät durchzuführen sind und ob eine Instandsetzung fachgerecht durchgeführt wurde. Sie kann auch nicht die Verantwortung für Prüfung und Beurteilung eines Gerätes übernehmen. Für derartige nicht routinemäßig durchführbare Arbeiten fehlen ihr die Fachkenntnisse. Ihre Aufgabe kann es aber sein, unter der Verantwortung einer Elektrofachkraft exakt abgegrenzte Teilprüfungen vorzunehmen und durch Vergleich der Messergebnisse mit den ihr übergebenen, exakt definierten Vorgaben über das Ergebnis dieser Teilprüfungen zu entscheiden.

Als selbständig durchzuführende Arbeiten elektrotechnisch unterwiesener Personen seien genannt
- Prüfungen bei der Ausgabe und Zurücknahme von Geräten,
- Sichtprüfung bei den im täglichen Arbeitsablauf besonders strapazierten Geräten,
- Wiederholungsprüfungen, bei denen Prüfaufgaben, Prüfgeräte sowie der Maßstab für das Bewerten der Prüfergebnisse vorgegeben werden.

Durch eine sinnvolle Organisation der Prüfarbeiten (Abschnitt 8) sollte der Einsatz elektrotechnisch unterwiesener Personen weitgehend ermöglicht werden, um eine rationale Prüfung zu sichern. Die vorhandenen Prüfgeräte sind zumeist sehr einfach zu bedienen. Zum kritischen Besichtigen, dem Anschließen, Bedienen und Ablesen der für diese Prüfung nötigen Messgeräte (Bilder 7.1, 7.8 u. a.) und dann zur Gut-Schlecht-Entscheidung ist eine richtig ausgewählte und berufene elektrotechnisch unterwiesene Person durchaus in der Lage. Wesentlich ist, dass die ständige Betreuung der unterwiesenen Personen durch eine damit beauftragte Fachkraft gesichert ist und auch tatsächlich erfolgt.

Es ist durchaus auch möglich, eine qualifizierte unterwiesene Person als *Elektrofachkraft für begrenzte Aufgabengebiete* [5.7] einzusetzen [3.2] und ihr dann verantwortungsvollere Aufgaben zu übertragen.

Letztendlich aber hat immer die verantwortliche Elektrofachkraft zu entscheiden, ob die von ihr zu betreuenden unterwiesenen Personen und Fachkräfte ausreichende Kenntnisse für die jeweiligen Arbeiten haben.

Frage 3.3 Wer trägt die Verantwortung für das Einhalten der Normen?

Gemäß BGV A2 [1.1] [1.2] bzw. GUV 2.10 [1.5] trägt die Verantwortung der Unternehmer, in dessen Betrieb die Prüfungen erfolgen, im Handwerksbetrieb somit dessen Inhaber. Dieser kann und wird die Verantwortung (Führungs- und/oder Fachverantwortung) für das Prüfen und damit natürlich auch für das Einhalten der Normen der von ihm berufenen, *verantwortlichen Elektrofachkraft* übertragen.

Selbstverständlich trägt auch jede unmittelbar mit dem Prüfen beschäftigte *Elektrofachkraft* bzw. *elektrotechnisch unterwiesene Person* die Fachverantwortung für die ordnungsgemäße Durchführung der ihr übertragenen Aufgaben.

Mit jeder Verantwortung für das ordnungsgemäße Prüfen ist immer auch die Verantwortung für den Arbeitsschutz [1.2] [2.1] verbunden.

Frage 3.4 **Gelten die Prüfpflicht und die zugeordneten DIN-VDE-Normen auch für Privatpersonen?**

Nein, zumindest nicht unmittelbar. Es besteht für eine Privatperson keine direkte gesetzliche Pflicht, ihre elektrischen Betriebsmittel prüfen zu lassen. Natürlich hat auch sie als Besitzer von Elektrogeräten dafür zu sorgen, dass von diesen keine Gefährdung ausgeht. Kommt es durch ein defektes Gerät zu einem Unfall oder Schaden, so wird sie zivilrechtlich [2.3] zur Verantwortung gezogen. Soll dies vermieden und der ordnungsgemäße Zustand der Elektrogeräte erhalten werden, so sind regelmäßige Prüfungen die einzige mögliche vorbeugende Maßnahme. Insofern ist es für Privatpersonen zumindest eine moralische Pflicht, die Prüfung der ortsveränderlichen Geräte nach den Grundsätzen von BGV A2 vornehmen zu lassen (Anhang 4).

Wenn allerdings eine Privatperson in ihrer Wohnung eine fremde Arbeitskraft beschäftigt, sind für die Sicherheit der als Arbeitsplatz dienenden Räume und der benutzten Geräte ebenfalls BGV A2 und die entsprechenden DIN-VDE-Normen verbindlich (F 3.3).

Die einzige Möglichkeit auch Privatpersonen von der Notwendigkeit dieser Wiederholungsprüfungen zu überzeugen, ist somit das Kundengespräch der kompetenten Elektrofachkraft [5.10].

Frage 3.5 **Welches Risiko geht derjenige ein, der aus Kosten- oder anderen Gründen bewusst darauf verzichtet, die nach BGV A2 vorgegebenen Prüfungen durchzuführen?**

Für den Unternehmer eines Betriebes ist dies zunächst einmal eine Ordnungswidrigkeit im Sinne der UVV BGV A2 § 9 [1.2]. Ihm kann somit ein „Bußgeld" auferlegt werden. Außerdem ist dieser Verstoß gegen die anerkannten Regeln der Technik im Sinne des Strafgesetzbuches [2.3] eine grobe Fahrlässigkeit und wird gegebenenfalls strafrechtlich geahndet.

Letzteres gilt im Prinzip auch für Privatpersonen, wenn durch deren defekte Betriebsmittel ein Schaden entsteht (F 3.4).

Immer wenn über die Pflicht zur Prüfung, die Konsequenzen eines bewussten oder unbewussten Verstosses gegen die Normenvorgaben oder über die mitunter erheblichen Kosten einer vorschriftsmäßigen Prüfung gesprochen wird, sollten aber auch die möglichen Folgen eines Sicherheitsmangels bedacht werden, die sich bei den betroffenen Personen – Kinder, Familienangehörige, Mitarbeiter, Gäste – ergeben können.

Frage 3.6 Darf der Vorgesetzte einer Elektrofachkraft diese anweisen, von den Vorgaben der DIN-VDE-Normen abzuweichen?

Nein. Allein die verantwortliche Elektrofachkraft hat über die Notwendigkeit der Anwendung der DIN-VDE-Normen und dann auch über die Zulässigkeit von Abweichungen zu entscheiden. Sie darf dazu keine Weisungen anderer Personen entgegennehmen [3.2]. Natürlich wird eine verantwortliche Elektrofachkraft auch das Gesamtinteresse des betreffenden Unternehmens bedenken und gegebenenfalls gemeinsam mit dem Vorgesetzen eine Lösung suchen, die von ihr verantwortet werden kann.

Verbindlichkeit der Vorgaben

Die DIN-VDE-Normen sind allgemein anerkannte Regeln der Elektrotechnik. Sie erhalten durch die Festlegungen im Gerätesicherheitsgesetz [2.1] sowie in BGV A2 und GUV 2.10 den Rang gesetzlicher Vorgaben. Wer Geräte prüft, muss den durch die Normen [3.25] [3.41] bestimmten Maßstab der Sicherheit und die dort genannten Grenzwerte seiner Beurteilung zugrunde legen.

Es ist allerdings der verantwortlichen Elektrofachkraft gestattet [1.2] [2.1], in eigener Verantwortung andere als die genannten Prüfverfahren anzuwenden, wenn damit das Ziel der Norm – der Nachweis des ordnungsgemäßen und sicheren Zustandes – ebensogut oder besser geführt werden kann.

Wer von dieser Möglichkeit Gebrauch macht, muss aber damit rechnen, dass er die Richtigkeit seiner speziellen Lösung nachzuweisen hat. Dies kann bei einer Kontrolle, einer Schadensklärung, nach Unfällen usw. erforderlich werden. Vor einer Entscheidung für eine eigene Verfahrensweise, d. h. hier z. B. der Anwendung eines anderen Prüfverfahrens, ist immer zu fragen, ob damit das Ziel der Norm in vollem Umfang und zumindest mit der gleichen Zuverlässigkeit erreicht wird.

Frage 3.7 Welche Vorgaben für das Prüfen der Geräte existieren?

Prüfbestimmungen für die ortsveränderlichen Geräte befinden sich zunächst in der Herstellernorm, in der auch die konstruktiven und sicherheitstechnischen Vorgaben für das jeweilige Gerät festgelegt wurden [3.23] [3.44] bis [3.53]. Zu beachten ist, dass beim Prüfen der bereits in Betrieb befindlichen Geräte dann aber nur solche Prüfverfahren anzuwenden sind, die keine Beschädigung der Prüflinge hervorrufen können (F 3.10). Für die hier interes-

sierenden Prüfungen durch den Betreiber der Geräte sind die Prüfaufgaben in den eingangs bereits genannten und im Literaturverzeichnis aufgeführten Normen zu finden [3.25] bis [3.41]. Darüber hinaus bestehen weitere Normen für das Prüfen spezieller Geräte, z. B. der Elektromedizin [3.54] [5.14].
Wie unschwer festzustellen ist, gibt es in den Teilen des Normenkomplexes DIN VDE 0701 [3.25] Wiederholungen und unterschiedliche Festlegungen zum gleichen Sachverhalt. Dieser historisch zu erklärende Zustand wird z. Z. beseitigt. Vom zuständigen Unterkomitee der DKE (Deutsche Kommission für Elektrotechnik) ist beabsichtigt, die Festlegungen für die speziellen Geräte [3.26] bis [3.40] mit in den ersten Teil der Norm zu übernehmen. Zum Teil ist dies bereits erfolgt [3.25] bis [3.40].
Ebenso gibt es in allen wesentlichen Punkten eine Übereinstimmung zwischen den Normen für die Prüfung nach Instandsetzung/Änderung und der Norm für die Wiederholungsprüfung. Jetzt noch bestehende Unterschiede bei den zulässigen Prüfverfahren werden verschwinden.
Dieses Bemühen um eine Vereinheitlichung darf jedoch nicht darüber hinwegtäuschen, dass es durchaus weitere Festlegungen in den Vorgaben von Institutionen, Verbänden usw. geben kann, die dann im jeweiligen Verantwortungsbereich zu beachten sind. Es ist der verantwortlichen Elektrofachkraft zu empfehlen, sich immer wieder anhand von Fachliteratur und vor allem durch die Fachzeitschriften über den aktuellen Stand zu informieren (s. Anhang 6) [5.15].

Frage 3.8 Ist es für eine ordnungsgemäße Prüfung ausreichend, wenn die in den Normen genannten Vorgaben eingehalten werden?

Nein. Die DIN-VDE-Normen enthalten als Sicherheitsnormen keine Vorgaben für die Prüfung der Gerätefunktionen. Da zur Prüfung eines Gerätes gegenüber dem Auftraggeber natürlich auch der Nachweis der ordnungsgemäßen Funktion zu erbringen ist, muss der Prüfende selbst entscheiden, welche Prüfgänge über die Vorgaben der Norm hinaus erforderlich sind. Bei einer Wiederholungsprüfung wird meist ein kurzes Einschalten des Gerätes genügen, vielleicht verbunden mit einer Messung der Stromaufnahme. Nach einer Instandsetzung wird für die davon betroffenen Teile eine intensivere Prüfung der betroffenen Funktion erforderlich sein. Grundlage der Funktionsprüfung ist die Gerätedokumentation. Sowohl die Leistungskennziffern als auch die Bedienhinweise sind zu berücksichtigen.
Außerdem ist zu bedenken, dass alle DIN-VDE-Normen lediglich Mindestforderungen enthalten. Ob darüber hinaus weitere Prüfgänge erforderlich sind, um im jeweiligen Fall z. B. die Wirksamkeit aller Sicherheitseinrichtungen des Gerätes nachzuweisen, ist ebenfalls Sache der prüfenden Fachkraft. Für diese Entscheidung sind neben dem allgemeinen Wissen und Können

einer Fachkraft auch Kenntnisse über die zu prüfenden Geräte und Erfahrungen bei deren Prüfung erforderlich. Einer *elektrotechnisch unterwiesenen Person* kann die Verantwortung für derartige Prüfungen nicht übergeben werden (F 3.2).

Frage 3.9 Gelten die genannten Rechtsvorschriften auch für das Prüfen ortsfest montierter Betriebsmittel?

Leider treffen die Normen DIN VDE 0701 [3.25] und 0702 [3.41] keine eindeutige und auch keine einheitliche Aussage. Beide beziehen sich im Titel zunächst allgemein auf elektrische Geräte. In DIN VDE 0702 wird dann jedoch der Anwendungsbereich auf Geräte begrenzt, die durch eine Steckvorrichtung von der elektrischen Anlage getrennt werden können. Ähnlich betreffen die Festlegungen in der Norm DIN VDE 0701 vornehmlich ortsveränderliche Geräte. Diese Differenzen haben jedoch keine Bedeutung. Nach BGV A2 sind alle Anlagen und Betriebsmittel (Geräte) zu prüfen. Diese Forderung ist für ortsveränderliche ebenso wie für ortsfest montierte Geräte umzusetzen. Wie dies in der Praxis erfolgt, entscheidet die prüfende Elektrofachkraft. Wie nutzlos es ist, hier unterschiedliche Prüfpflichten und Prüfverfahren aus den Vorgaben herauslesen zu wollen, zeigt sich im Vergleich der
– steckerfähigen und somit ortsveränderlichen Geräte, die aber ortsfest angeschlosssen werden (z.B. Säulenbohrmaschinen) und der
– mitunter wie ortsveränderliche Geräte mit Steckern ausgerüsteten ortsfesten Maschinen.

Ist ein Gerät mechanisch und/oder elektrisch gesehen fest mit der Anlage verbunden, so erfolgt seine Prüfung im Zusammenhang mit der Prüfung der Anlage nach DIN VDE 0100 Teil 610 [3.6] oder DIN VDE 0105 [3.8]. Besteht eine solche Verbindung nicht oder wurde sie gelöst, so sind die technischen Vorgaben für die Prüfung in den oben genannten Normen [3.25] bis [3.41] zu finden.

Frage 3.10 Sind die DIN-VDE-Normen, nach denen die Geräte herzustellen und vom Hersteller zu prüfen sind, auch für die Wiederholungsprüfungen verbindlich?

Dies ist nicht der Fall. Natürlich sind die in diesen Herstellernormen enthaltenen Vorgaben auch bei einer Wiederholungsprüfung interessant. Sie zeigen welche Ausgangswerte, z. B. des Schutzleiter- und des Isolationswiderstandes, ein neues Gerät aufweisen muss und ermöglichen dem Prüfer eine bessere Beurteilung des jeweiligen Zustandes.

Anders ist es, wenn im Zusammenhang mit einer Instandsetzung eine vom Hersteller nicht ausdrücklich zugelassene Veränderung gegenüber dem Originalzustand erfolgte. Dann ist zu entscheiden, ob durch diese Veränderung auch die Kennwerte des Gerätes betroffen wurden. Ist dies der Fall, so ist nachzuweisen, dass trotzdem die Forderungen der Herstellernorm [3.23] erfüllt werden.

Frage 3.11 Warum enthalten die Herstellernormen im Allgemeinen strengere Prüfanforderungen als die Norm für die Wiederholungsprüfung?

Bei einer Wiederholungsprüfung kann davon ausgegangen werden, dass die Kennwerte des Prüflings bereits durch die Prüfung beim Hersteller nachgewiesen wurden (F 3.13). Im Originalzustand hat das betreffende Gerät alle Forderungen der Normen erfüllt. Es ist daher bei der Wiederholungsprüfung **nur** zu bestätigen, dass durch die Beanspruchungen beim Betreiben und die Umweltbedingungen keine die Sicherheit und/oder die Funktion unzulässig beeinträchtigenden Veränderungen gegenüber dem Originalzustand entstanden sind. So kann z. B. durch Besichtigen bestätigt werden, dass die Isolierteile – und damit auch deren vom Hersteller bereits grundsätzlich messtechnisch nachgewiesene mechanische und elektrische Festigkeit – den Anforderungen weiterhin genügen.

Auch die zu erwartenden Folgen eines *bestimmungsgemäßen Gebrauchs*, z. B. die Verschmutzungen an Steckkontakten, wurden [3.41] beim Festlegen der zulässigen Grenzwerte für die Wiederholungsprüfung berücksichtigt (Tafel 6.3).

Frage 3.12 Was ist außer den genannten Normen bei der Prüfung zu beachten?

Zunächst sind die durch Aufschriften, z. B. in Form eines Leistungsschildes, und in der Dokumentation des betreffenden Gerätes genannten *Bemessungswerte* zu beachten. Auf ihrer Grundlage ist zu entscheiden
- welche Prüfgänge nach den Normen erfolgen können/müssen,
- ob Einschränkungen, z. B. bei der Prüfung elektronischer Teile, zu treffen sind (F 6.20),
- ob das Gerät vom Netz getrennt werden kann,
- ob es besondere Anforderungen bezüglich der Prüfgeräte, des Prüfplatzes oder der Anforderungen an den Prüfer gibt,
- welche Gefährdungen für den Prüfer möglicherweise auftreten,
- ob das Erarbeiten einer Prüfanweisung durch eine erfahrene Elektrofachkraft erfolgen muss (F 8.2), um alle Teile/Funktionen/ Schutzeinrichtungen des Prüflings bei der Prüfung zu erfassen.

Da meist recht unkomplizierte Geräte zu prüfen sind, genügt dem erfahrenen Prüfer im Allgemeinen ein Blick auf das Gerät, um die oben aufgeführten Punkte zu entscheiden.

Frage 3.13 Ist bei der Wiederholungsprüfung zu kontrollieren, ob das Gerät nach den DIN-VDE-Normen hergestellt wurde und sich im Originalzustand befindet?

Ein Gerät, das nicht nach den Vorgaben der DIN-VDE-Normen [3.23] hergestellt wurde, entspricht nicht den Festlegungen des Gerätesicherheitsgesetzes. Es darf somit nicht in den Verkehr gebracht werden [2.1]. Demzufolge muss der Prüfer innerhalb des Besichtigens klären, ob das ihm vorgestellte Gerät sicherheitsgerecht ist (F 4.2 bis F 4.4, Tafel 6.2), d. h. den Normen entsprechend gestaltet wurde.

Muss er es verneinen, so führt dies zu einem negativen Prüfergebnis. Natürlich kann er auch aufgrund **seiner** Untersuchungen und in **seiner** Verantwortung entscheiden, dass die Sicherheit des Gerätes den Vorgaben der Normen entspricht [3.23].

Dieser Sachverhalt ist von Bedeutung, wenn dem Prüfer Geräte vorgestellt werden, die illegal, d. h. im Gegensatz zu den Festlegungen des Gerätesicherheitsgesetzes, hergestellt oder importiert wurden. Eine nach den Normen [3.41] durchgeführte und positiv verlaufene Wiederholungsprüfung allein ist nicht ausreichend, um für ein solches Gerät die Übereinstimmung mit den Normen nachzuweisen. Dies kann nur durch die in der zutreffenden Gerätenorm [3.23] angegebenen oder gleichwertige Prüfungen erfolgen (F 4.3).

Frage 3.14 Ist die Bedienanleitung eine verbindliche Vorgabe?

Die Bedienanleitung sowie überhaupt die dem Betreiber zugedachte Dokumentation sind Teil der gelieferten Ware. Alle in einer Bedien- oder Serviceanleitung vom Hersteller angegebenen Vorgaben für das Betreiben des Gerätes, auch die Forderungen an die Instandsetzung sowie für Häufigkeit und Art der durchzuführenden Prüfungen beschreiben den *bestimmungsgemäßen Gebrauch*. Sie sind somit für den Anwender ebenso wie für den Prüfer verbindlich. Werden sie nicht beachtet, so kann dies Auswirkungen auf die Sicherheit für den Betreiber haben und im Schadensfall die Haftung/Garantieleistung des Herstellers entfallen.

Frage 3.15 Bleibt die Verantwortung des Herstellers trotz der durchgeführten Wiederholungsprüfung bestehen?

Im Prinzip ja. Natürlich gilt dies nur dann, wenn an diesem Gerät
- keine Umbauten vorgenommen wurden,
- die Prüfungen vorschriftsmäßig erfolgt sind und nicht zu Schäden geführt haben,
- nur die Eingriffe erfolgten, z. B. Austausch von Verschleißteilen, die vom Hersteller ausdrücklich gestattet wurden.

Zu beachten ist das Gesetz zur Produkthaftung [2.5].

Frage 3.16 Gilt das Gerätesicherheitsgesetz auch für Geräte, die aus einem Staat der Europäischen Gemeinschaft oder einem anderen Staat importiert werden?

Das Gerätesicherheitsgesetz [2.1] bzw. seine erste Verordnung [2.2] sind die deutsche Fassung einer in der Europäischen Union verbindlichen EU-Richtlinie. Es ist unabhängig vom Herkunfts- oder Herstellerland für alle nach Deutschland importierten Geräte verbindlich.

Frage 3.17 Mit welchen Konsequenzen muss eine Elektrofachkraft rechnen, wenn sie einen Fehler beim Prüfen übersieht?

Setzen wir voraus, die Prüfung wurde ordnungsgemäß, d. h. nach der betreffenden DIN-VDE-Norm [3.41] bzw. nach den Hinweisen dieses Buches vorgenommen und dies kann auch durch ein Protokoll (Bilder 10.1 und 10.2), ein Prüfbuch o. ä. glaubhaft nachgewiesen werden.
Wenn dann festgestellt wird, dass der Fehler mit den in der Norm vorgegebenen Prüfmethoden möglicherweise nicht gefunden werden konnte (z. B. ein loser Schutzleiteranschluss im Stecker), so wird dem Prüfer kein Vorwurf gemacht. Wenn er allerdings
- den Fehler bei sorgfältigem Anwenden der anerkannten Prüfmethoden hätte finden können oder
- nicht mit der vorgegebenen Prüfmethode geprüft hat oder
- sich nicht ausreichend über die grundsätzlichen Belange der Prüfung informiert hatte oder
- der Prüfplatz, die Prüfmittel, die Prüforganisation usw. Mängel aufweisen,

dann muss er möglicherweise mit dem Vorwurf der Fahrlässigkeit und gegebenenfalls mit zivilrechtlichen und strafrechtlichen Konsequenzen rechnen. Bei bewusstem Mißachten der Dinge die er als Elektrofachkraft zu wis-

sen hat, kann dies als grobe Fahrlässigkeit bezeichnet werden. Es zeigt sich, wie wichtig es auch im Interesse des Prüfers, der verantwortlichen Elektrofachkraft und des Unternehmers ist, für eine lückenlose Organisation der Prüfung (Tafel 8.1) und eine konsequente Durchführung der festgelegten Prüfabläufe (Tafel 6.1) zu sorgen.
Dies gilt natürlich auch für den Arbeitsschutz beim Prüfen. Wer die diesbezüglichen Vorgaben (Tafeln 8.2 und 9.1) missachtet, hat schlechte Karten, wenn in seinem Verantwortungsbereich ein Elektrounfall geschieht.

Frage 3.18 Welche Verbindlichkeit haben die Teile 2 bis 240 von DIN VDE 0701 [3.27] [3.41]

Alle Teile sind selbständige Normen und für die Prüfung nach einer Instandsetzung der jeweils genannten Geräte verbindlich. Sie enthalten Festlegungen zur Ergänzung oder Änderung der Vorgaben des Teils 1 der Norm. Zu beachten ist, dass sie zu einem Zeitpunkt herausgegeben wurden, als noch DIN VDE 0701 Teil 1 von 10/86 bzw. 5/93 Gültigkeit hatten. Formal gesehen ist für ihren Geltungsbereich somit noch diejeweils zutreffende alte Norm und nicht die jetzt geltende Ausgabe 9/00 gültig. Trotzdem ist es sinnvoll und problemlos möglich, immer die dem aktuellen Stand der Technik entsprechende neue Fassung 9/00 zu berücksichtigen.

4 Sicherheit der ortsveränderlichen Geräte

Wer ein elektrotechnisches Gerät nach der Prüfung zur Benutzung freigibt, der bestätigt, dass bei dessen
- *bestimmungsgemäßer Anwendung* am vorgesehenen Einsatzort
- mit den dort zu erwartenden Beanspruchungen

die nach den Gesetzen und Normen geforderte Sicherheit vorhanden ist.

Um diese Aussage treffen zu können, muss der Prüfer neben den DIN-VDE-Normen der Geräteprüfung ([3.23] u. a.) auch
- die Wirkungsweise der Schutzmaßnahmen (**Bild 4.1**) [3.3] sowie
- alle die Sicherheit des Gerätes möglicherweise beeinflussenden Faktoren

kennen. Darüber hinaus hat er die beim *bestimmungsgemäßen Gebrauch* durch den Nutzer und die Umwelt entstehenden bzw. zu erwartenden Beanspruchungen in seine Beurteilung einzubeziehen.

Nur dann kann er entscheiden, ob die **erforderliche Sicherheit** mit ausreichender Wahrscheinlichkeit gegeben ist.

Nachstehend werden die damit zusammenhängenden Fragen behandelt.

Anforderungen an die Sicherheit

Jedes über Steckverbinder oder Klemmen angeschlossene Gerät gehört technisch gesehen zu der Anlage, mit der es verbunden ist. Es muss daher bezüglich der Sicherheit die gleichen Anforderungen erfüllen, wie sie für die Anlage gelten. Somit sind die in den DIN-VDE-Normen [3.3] [3.9] zu den Schutzmaßnahmen festgelegten Vorgaben auch für ortsveränderliche Geräte verbindlich. Dies heißt, bei ihrem Anschluss an eine Elektroanlage müssen

1. die nach DIN VDE 0100 Teil 410 [3.4] geforderten Maßnahmen zum
   - Schutz gegen das direkte Berühren (Basisschutz),
   - Schutz bei indirektem Berühren (Fehlerschutz) und
2. auch die anderen, für eine Anlage geforderten Schutzmaßnahmen (**Tafel 4.1**), z. B. der Schutz gegen Überstrom, gefährliche Temperaturen usw.

wirksam werden, sowie

Basisschutz

Die Schutzmaßnahme

- ABDECKUNG am Gerät

verhindert das direkte
Berühren und damit
den Berührungsstrom

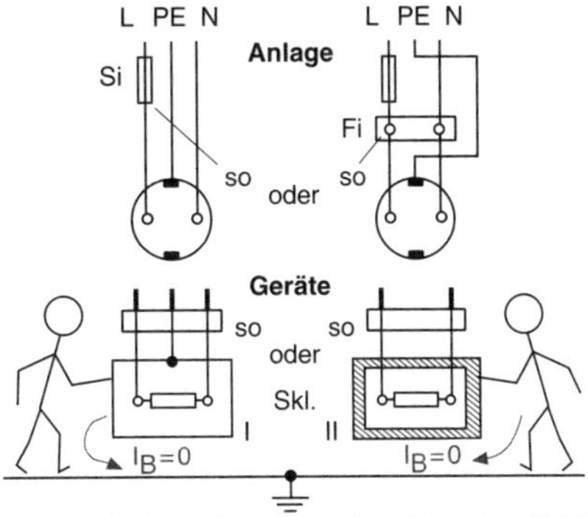

Fehlerschutz

Die Schutzmaßnahme
der Anlage mit

- ABSCHALTUNG[1)]
und außerdem die
Schutzmaßnahme

- verstärkte oder doppelte
Isolierung (früher Schutzisolierung)

verhindern im Fehlerfall das
Auftreten eines merkbaren
Berührungsstromes

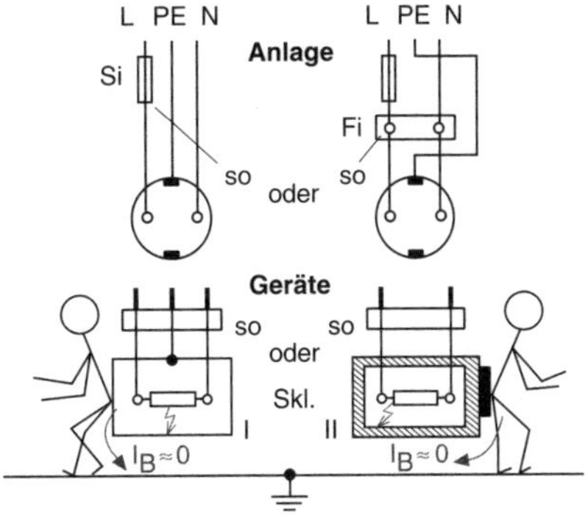

Zusatzschutz

Die Schutzmaßnahmen
der Anlage[2)]

- SCHUTZTRENNUNG
  ($I_B = 0$)

- mit FI-SCHUTZEINRICHTUNG
  ($I_{\Delta n} \leq 30$ mA) ($I_B > 0$, $t \leq 0{,}4$ s)

begrenzen (zeitlich) oder
verhindern
den Berührungsstrom

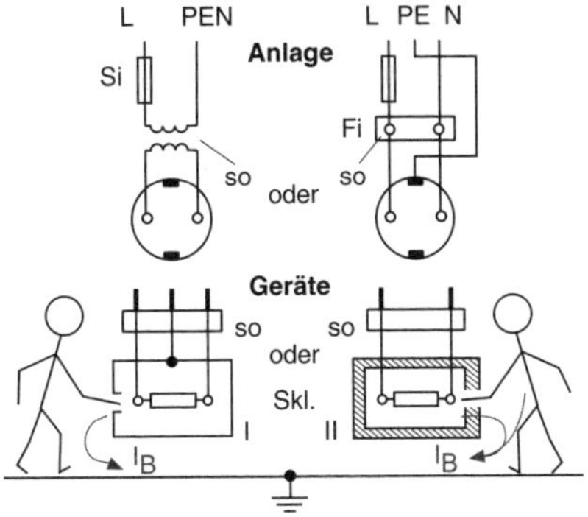

Bild 4.1   *Schutzmaßnahmen nach DIN VDE 0100 Teil 410*

    1) Auf die Darstellung der anderen nach DIN VDE 0100 Teil 410 zulässigen Schutz
maßnahmen der Anlage wurde hier verzichtet.
    2) Der Zusatzschutz kann auch durch die Schutzmaßnahme Schutzkleinspannung
erzielt werden (Geräte der Schutzklasse III); auf diese Darstellung wurde hier
verzichtet
    Skl. Schutzklasse

3. die Geräte außerdem selbst mit geeigneten Schutzeinrichtungen ausgestattet sein, falls bei ihrem Betreiben durch mechanische Wirkungen, Strahlung usw. Gefährdungen (Tafel 4.1) entstehen können.

Die Wirksamkeit der Schutzmaßnahmen kann erreicht werden, indem das Gerät
- mit den dazu nötigen Schutzeinrichtungen versehen ist oder
- beim Anschluss an die Anlage zwangsläufig in die dort wirksame Schutzmaßnahme einbezogen wird.

Dieser Zusammenhang ist im **Bild 4.2** dargestellt. In einigen Fällen übernimmt das Gerät, z. B. ein Baustromverteiler, auch Schutzfunktionen für weitere Geräte.

Frage 4.1 Welche Bedingungen muss ein Gerät erfüllen, damit es als sicher bezeichnet werden kann?

Ein Gerät, das nach DIN-VDE-Normen hergestellt wurde und eine vollständige Prüfung nach DIN VDE 0701 [3.25] bzw. DIN VDE 0702 [3.41] bestanden hat, kann als sicher gelten. Bei dieser Einschätzung wird stets voraus-

Tafel 4.1   Anforderungen an die Sicherheit ortsveränderlicher Betriebsmittel

Schutzziel/Schutzmaßnahme	Schutzeinrichtung Ort	Art
Schutz gegen das direkte Berühren aktiver Teile *(Basisschutz)*	Gerät	Abdeckung
Schutz bei indirektem Berühren gleichbedeutend mit dem Schutz bei Isolationsfehlern *(Fehlerschutz)*	Gerät Anlage	Schutzisolierung oder Schutzmaßnahme mit Schutzleiter oder Schutzkleinspannung
Schutz bei direktem Berühren *(Zusatzschutz)*	Anlage	FI-Schutz oder Schutztrennung
Schutz gegen thermische Einflüsse	Gerät	Gestaltung
Schutz bei Überstrom	Anlage und/oder Gerät	Überstromschutzeinrichtung
Schutz gegen mechanische Gefahren (z. B. *scharfe, rotierende Teile*)	Gerät	Abdeckung
Schutz gegen gefährliche Temperaturen	Gerät	Gestaltung
Schutz gegen gefährliche Stoffe	Gerät	Gestaltung
Schutz gegen gefährliche Strahlung	Gerät	Verriegelung, Gestaltung
Schutz gegen Überspannung	Anlage	Ableiter
Schutz gegen Gefährdungen bei einem zu erwartenden unsachgemäßen Gebrauch	Geräte	Gestaltung

Die Lösung Ihrer Installationsprüfungen nach DIN VDE 0100

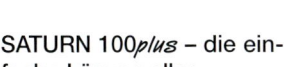

LEM: Messen – Prüfen – Analysieren

SATURN 100*plus* – die einfache Lösung aller Installationsprüfungen
- klein, leicht und robustes Design für raue Einsatzbedingungen
- FI-Auslösestrommessungen möglich
- Schleifenwiderstandsmessung ohne FI-Auslösung möglich

UNILAP 100XE/E – Prüfungen nach DIN VDE 0100
- ideal geeignet zur Fehlersuche und Problembehebung in elektrischen Installationen
- Erkennung einer N/PE Vertauschung in der Installation
- patentierte Schleifenimpedanz- und Kurzschlussstrommessung ohne FI-Auslösung
- mit Speicher, Schnittstelle und Software für Protokollerstellung

Zum Beispiel

CE

UNILAP 100E/XE und SATURN 100*plus*

Wenn Sie mehr wissen wollen über den SATURN 100*plus*, den UNILAP 100E/XE oder andere Power Quality Produkte, dann rufen Sie uns an oder besuchen Sie unsere Webseite.

LEM Deutschland GmbH
Tel.: 0911 95575-0, Fax: 0911 95575-30
E-mail: postoffice.lde@lem.com

www.lem.com

Made to Measure

.whp.

Kompaktlösung für den Service

DIN VDE 0701/0702 - BGV A2

- Robuster Koffer mit digitalem oder analogem Gerätetester
- 3 ~ CEE Prüfdosen 16 A / 32 A
- Stromaufnahme des Prüflings
- Ablagefächer
- PC - Schnittstelle

- Auch mit Belegdrucker

NEUTEC
Electronic GmbH — präzise & zuverlässig

ELEKTRO PRAKTIKER Bibliothek

Jürgen Schliephacke/Hans-Heinrich Egyptien

Rechtssicherheit beim Errichten und Betreiben elektrischer Anlagen

Leitfaden und Nachschlagewerk für Fach- und Führungskräfte

■ Bei der Nutzung elektrischer Energie gelten spezielle Gesetze, Verordnungen und Normen. Das Nachschlagewerk zeigt, welche Verantwortung die Elektrofachkraft beim Planen, Prüfen und Warten elektrischer Anlagen trägt und wie diese Aufgaben richtig, vollständig und gerichtsfest wahrgenommen werden. Der Anhang enthält u.a. Musterformulare, Merkblätter, häufig verwendete Abkürzungen wichtiger Gesetze, Vorschriften, Organisationen und Einrichtungen.

■ Aus dem Inhalt:
- Rechtsgrundlagen
- Grundlagen der Unternehmerverantwortung
- Unternehmensorganisation und Delegation von Verantwortung
- Umfeld der Elektrofachkraft innerhalb der Unternehmensorganisation
- Stellung und Aufgaben einer Elektrofachkraft
- Umgang mit Fremdfirmen und Leiharbeitnehmern
- Verstöße gegen die Rechtsordnung und deren Folgen

176 Seiten, 13 Abbildungen
ISBN 3-341-01208-7
€ 34,80

Tel.: 030/4 21 51-325 · Fax: 030/4 21 51-468
eMail: versandbuchhandlung@hussberlin.de
www.technik-fachbuch.de

Verlag Technik

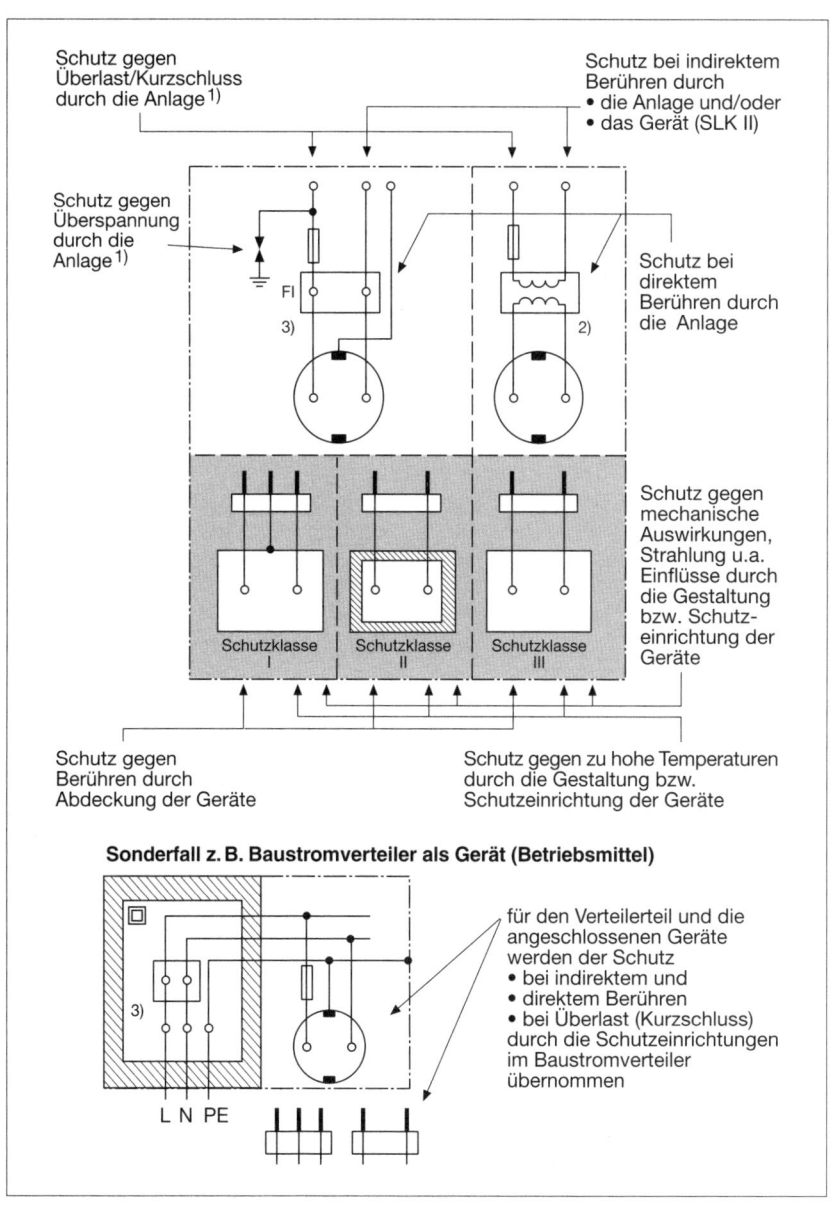

Bild 4.2 *Schutzmaßnahmen bei ortsveränderlichen Geräten*

1) Zusätzliche Schutzeinrichtungen befinden sich möglicherweise auch in den Geräten.
2) Schutzmaßnahme Schutzkleinspannung
3) FI-Schutzeinrichtung

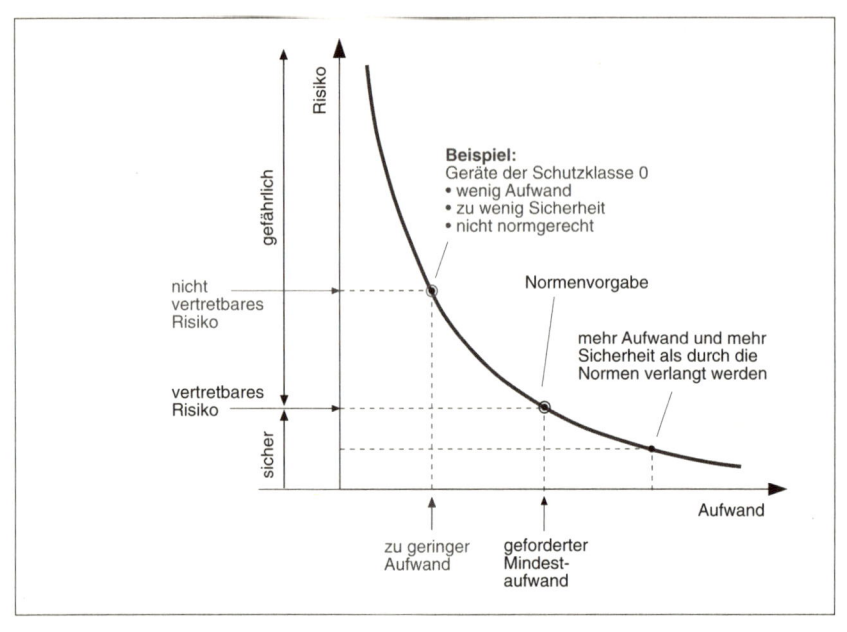

Bild 4.3 Zusammenhang zwischen Aufwand und Nutzen (Sicherheit) bei der Anwendung von Schutzmaßnahmen

gesetzt, dass der Anwender das Gerät *bestimmungsgemäß* anwendet. Trotzdem verbleibt auch bei der Anwendung eines sicheren Gerätes immer eine gewisse Gefährdung, ein durch die Vorgaben der Normen gesellschaftlich akzeptiertes Restrisiko [3.1].
Wer darüber hinaus mehr Sicherheit erhalten will, muss einen höheren Kostenaufwand akzeptieren (**Bild 4.3**). So wäre es z. B. denkbar, alle Stromkreise der Elektroanlage oder gar alle Elektrogeräte mit einem 10/30-mA-FI-Schutzschalter auszurüsten. Dies würde zweifellos zu einer Verminderung der Unfälle führen. Trotzdem wird es in den Normen nicht gefordert, da der dafür erforderliche Aufwand unangemessen erscheint und an anderer Stelle mit größerem Nutzen für die Unfallverhütung verwandt werden könnte.

Frage 4.2 **Wie ist festzustellen, ob das zur Prüfung angelieferte Gerät den DIN-VDE-Normen entspricht und somit als sicher bezeichnet werden kann?**

Den besten Beweis dafür bietet das auf dem Gerät angebrachte VDE-Prüfzeichen oder das GS-Zeichen in Verbindung mit dem Kennzeichen einer durch Rechtsverordnung zugelassenen Prüfstelle (**Tafel 4.2**). Beide dokumentieren, dass eine amtliche Prüfstelle die Übereinstimmung des Gerätes

Tafel 4.2 Kennzeichen, Prüfzeichen (siehe auch Anhang 5)

Bildliche Darstellung	Bedeutung
VDE-Zeichen VDE-Prüfzeichen Kennzeichen der VDE-Prüfstelle (VDE)	Gerät wurde von der VDE-Prüfstelle geprüft. Beachtet wurden dabei nicht nur die durch elektrische, sondern auch die durch mechanische, thermische und andere Einflüsse entstehenden Gefährdungen. Bestätigt wird die Übereinstimmung mit den DIN-VDE- und gegebenenfalls anderen Normen sowie eine regelmäßige Fertigungskontrolle. Das Zeichen kann für alle Erzeugnisse beantragt werden, die nach den Vorgaben der VDE-Prüfstelle prüffähig sind. Es entspricht praktisch dem GS-Zeichen und wird auch in Kombination mit anderen Zeichen verwendet.
Zeichen „Geprüfte Sicherheit", erteilt durch die Prüfstelle der Berufsgenossenschaft GS	Gerät wurde von einer durch Rechtsverordnung für die Bauartenprüfung zuständigen Prüfstelle geprüft. Es wird die Übereinstimmung mit den Vorgaben des Gerätesicherheitsgesetzes und damit auch den DIN-VDE- und gegebenenfalls anderen Normen sowie die regelmäßige Kontrolle der ordnungsgemäßen Fertigung bestätigt. Neben dem Zeichen befindet sich immer die Kennzeichnung der Prüfstelle, im nebenstehenden Beispiel die der Berufsgenossenschaft.
CE-Zeichen C €	Gerät entspricht nach den Angaben seines Herstellers bzw. Importeurs den Anforderungen aller das Gerät betreffenden Richtlinien der EU. Ein so gekennzeichnetes Gerät kann, muss aber nicht, mit allen Vorgaben der in der EU harmonisierten Sicherheitsnormen übereinstimmen.
Europäisches Sicherheitszeichen 10 (VDE)	Leuchte wurde von einer für Leuchten anerkannten Prüfstelle (hier Nr. 10, VDE-Prüfstelle) geprüft. Die Übereinstimmung mit den im Bereich der EU vereinheitlichten Normen wird bestätigt. Entspricht in seiner Bedeutung und Aussage dem VDE-Prüfzeichen.
VDE-EMV-Zeichen EMV	Gerät wurde von der VDE-Prüfstelle geprüft, es entspricht hinsichtlich der elektromagnetischen Verträglichkeit den geltenden Normen.

mit den Normen nachgewiesen hat und eine Überwachung der laufenden Fertigung des Gerätes vornimmt. Allerdings ist der Hersteller nicht verpflichtet, sein Erzeugnis einer zugelassenen Prüfstelle vorzustellen. Er kann auch die nach den Normen vorgeschriebenen Prüfungen in seiner betriebseigenen Prüfstelle vornehmen und in der Dokumentation des Gerätes die Übereinstimmung mit den DIN-VDE-Normen bestätigen. Dies unterstreicht die Notwendigkeit, bei der Prüfung nach einer Instandsetzung und auch bei der Wiederholungsprüfung noch unbekannter Geräte deren Dokumentation mit einzubeziehen (F 4.3).

*Frage 4.3 Was ist zu tun, wenn bei einem zu prüfenden Gerät
kein Prüfzeichen und keine dementsprechende Angabe
in der Dokumentation vorhanden sind?*

Weist ein Gerät weder das VDE-Prüfzeichen noch das GS-Prüfzeichen auf, und ist auch in der Dokumentation dazu keine Aussage zu finden, so muss man zunächst davon ausgehen, dass die nach DIN-VDE-Norm geforderte Sicherheit nicht besteht (F 4.1). Soweit wie möglich, sollte dann vom Hersteller oder Verkäufer eine verbindliche schriftliche Auskunft eingeholt werden [2.1]. Trägt das Gerät ein CE-Zeichen (F 4.4), so besteht die Möglichkeit, eine Herstellererklärung (EU-Konformitätserklärung) anzufordern. Ist beides nicht möglich, so liegt es in der Verantwortung des prüfenden Fachmanns, bei der Sichtprüfung ein Urteil über das betreffende Gerät abzugeben. Ist die Sicherheit nach seiner Meinung nicht gegeben oder ermöglichen die zu erkennenden Merkmale keine sichere Aussage, so entspricht dies einer nicht bestandenen Prüfung. Gibt er das Gerät zur weiteren Verwendung frei, so werden damit von ihm
– die bestandene Prüfung und
– das Vorhandensein der nach den DIN-VDE-Normen für dieses Gerät geforderten Sicherheit bestätigt (F 3.13).

In einem solchen Fall sollte der Betreiber/Besitzer dieses Gerätes schriftlich auf diesen ihm als Laien möglicherweise nicht bekannten *Mangel* z. B. wie folgt hingewiesen werden.
„Ihr von uns geprüftes/repariertes ... (Gerät eindeutig benennen) ... weist kein VDE-Prüfzeichen und kein Gerätesicherheitszeichen auf, mit dem von einer staatlich anerkannten Prüfstelle die Übereinstimmung mit den Normenvorgaben bestätigt wird. Mit unserer Prüfung nach DIN VDE ... bestätigen wir, dass sich das Gerät in einem aus unserer Sicht ordnungsgemäßen Zustand bezüglich Sicherheit und Gebrauchsfähigkeit befindet. Eine Garantie für die richtige und zuverlässige konstruktive Gestaltung durch den Hersteller wird damit von uns nicht übernommen."

Frage 4.4 Welche Bedeutung hat das CE-Zeichen?

Dieses Zeichen ist **kein Prüfzeichen** wie das **VDE-** bzw. **GS-Zeichen**. Es bestätigt aber die Übereinstimmung des gekennzeichneten Gerätes mit den Richtlinien der Europäischen Union (EU). Das betreffende Gerät erfüllt dann nach Aussage seines Herstellers oder Importeurs die Sicherheitsvorgaben dieser Richtlinien und darf daher im Bereich der EU vertrieben und angewandt werden. Das CE-Zeichen wird vom Hersteller **in eigener Verantwortung**, auf dem Erzeugnis und/oder der Verpackung angebracht. Eine Prüfung durch eine staatlich anerkannte Prüfstelle ist damit nicht verbunden. Geprüft hat zumeist der Hersteller selbst.

Wenn der Anwender es fordert, muss der Hersteller/Importeur durch die Übergabe der sogenannte Konformitätserklärung nachweisen, dass sein Erzeugnis den Richtlinien der EU entspricht.

Somit hat das CE-Zeichen nicht die gleiche Wertigkeit wie z.B. das Zeichen „Geprüfte Sicherheit" und das „VDE-Prüfzeichen" (Tafel 4.2). Es trifft keine ebenso zuverlässig gesicherte Aussage über die Qualität des Erzeugnisses.

Frage 4.5 Welche Zeichen sind dem VDE-Prüfzeichen gleichwertig?

Das VDE-Prüfzeichen und das Gerätesicherheitszeichen bringen im Ergebnis der Prüfung einer deutschen Prüfstelle zum Ausdruck, dass alle in Deutschland für das gekennzeichnete Gerät geltenden nationalen und in der Europäischen Union vereinheitlichten EU-Normen für Entwicklung, Konstruktion und Herstellung beachtet wurden (F 4.2). Für Leuchten gilt das in Tafel 4.2 dargestellte Europäische Sicherheitszeichen. Welche Vorgaben der Prüfung einer ausländischen Prüfstelle und ihrem Prüfzeichen zugrunde liegen, kann ohne exaktes Wissen um die Normensituation des betreffenden Landes nicht gesagt werden. Es ist möglich, aber nicht sicher, dass damit ein gleiches Sicherheitsniveau bestätigt wird. Führt ein Gerät das Prüfzeichen einer zugelassenen ausländischen Prüfstelle (Anhang 5) und sind die der Prüfung zugrunde liegenden Normen in der EU vereinheitlicht, so kann dessen Hersteller mit dem Prüfbericht bei einer deutschen dafür zugelassenen Prüfstelle die Erteilung des VDE-Prüfzeichens beantragen.

Gefährdungsmöglichkeiten, Grenzwerte

Bild 4.1 zeigt, welche *Gefährdungen* bei der Anwendung ortsveränderlicher Geräte für ihren Nutzer möglicherweise auftreten können. Der Prüfer kann davon ausgehen, dass die in den DIN-VDE-Normen vorgegebenen und bei den Geräten angewandten Schutzmaßnahmen ein ausreichendes Sicherheitsniveau gewährleisten und die möglichen Gefährdungen zumindest auf ein vertretbares Minimum begrenzt werden (Bild 4.4). Für ihn ist die Sicherheit dann gegeben, wenn
– sich das Gerät offensichtlich im Originalzustand befindet und
– bei den die Sicherheit bestimmenden Eigenschaften, z. B. dem Isoliervermögen, die festgelegten Grenzwerte nicht unter- bzw. nicht überschritten werden.

Welche Grenzwerte, z. B. für den Isolationswiderstand, für den Ableit- oder Berührungsstrom oder für die Temperaturen der Bedienelemente, als vertretbar angesehen werden und somit als Maßstab der zu fordernden Sicherheit gelten können, ist in den Herstellernormen [3.23] und für die hier zu betrachtenden Entscheidungen in den Prüfnormen [3.25] [3.41] festgelegt. Das Einhalten der für den Schutz gegen *elektrischen Schlag* vorgegebenen Grenzwerte und der entsprechende Nachweis haben dabei die größte Bedeutung.

Aus dem Diagramm im **Bild 4.4** ist zu ersehen, wie der Mensch bei einer elektrischen Durchströmung reagiert und welche Gefährdung für ihn jeweils vorhanden ist. Die noch zu akzeptierende Gefährdung, d. h. der für eine bestimmte Zeit zulässige Wert des *Berührungsstroms*, kann aus diesem Diagramm entnommen werden. Die daraus ableitbaren Grenzwerte, z. B. die dauernd zulässige Berührungsspannung U_L von 50 V AC und die höchstzulässigen Durchströmungszeiten (zu fordernde Abschaltzeiten der Schutzgeräte) von 0,4 bzw 5 s, werden den Anforderungen an die Schutzmaßnahmen gegen elektrischen Schlag in [3.4] zugrunde gelegt. Weitere Erläuterungen hierzu können der Literatur [3.10] entnommen werden.

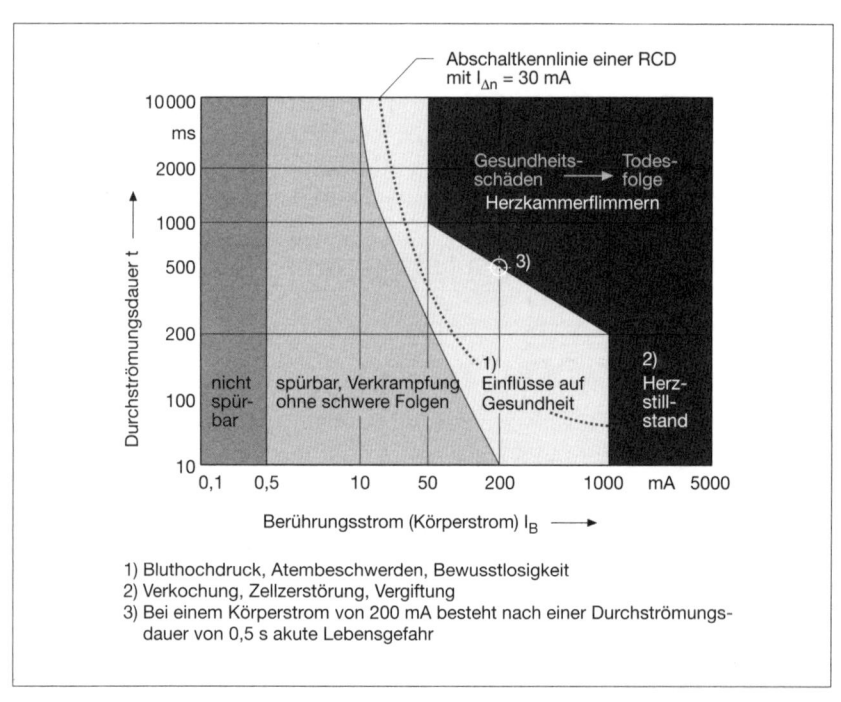

1) Bluthochdruck, Atembeschwerden, Bewusstlosigkeit
2) Verkochung, Zellzerstörung, Vergiftung
3) Bei einem Körperstrom von 200 mA besteht nach einer Durchströmungsdauer von 0,5 s akute Lebensgefahr

Bild 4.4   *Strom-Zeit-Abhängigkeit der Reaktionen eines Menschen bei einer elektrischen Durchströmung (IEC-Angabe)*

Ebenso wurden die in DIN VDE 0701/0702 [3.25] [3.41] vorgegebenen Grenzwerte, deren Einhaltung bei der Prüfung der Geräte nachzuweisen ist, aus den im Bild 4.4 zu erkennenden Zusammenhängen abgeleitet. Dies sind:
1. Die Festlegung des höchsten zulässigen *Berührungsstroms*, der bei einer Stärke von 0,25 mA nicht wahrgenommen wird und bei 0,5...1,0...3,5...7 mA zwar spürbar ist, jedoch noch nicht zur gesundheit-

Tafel 4.3 Angabe der höchsten zulässigen Ableit- und Berührungsströme in den DIN-VDE-Normen (Beispiele)

DIN-VDE-Norm	Gegenstand der Norm	Höchstwert AC, dauernd zulässig
I. Grundsätzliche Vorgaben		
Berührungsstrom		
– 0106 Teil 1 (E) 5/90		3,50 mA
Teil 102	Schwellwert für die Spürbarkeit	
	– allgemein	0,50 mA
	– Schutzklasse II	0,25 mA
	Schwellwert für die Fähigkeit, wieder loszulassen	10 mA Geräte
II. Für die Prüfung vorgegebene Grenzwerte		
Berührungsstrom		
– 0701 Teil 1	allgemein, Geräte der Schutzklasse II	0,50 mA
– 0701 Teil 240	Büromaschinen, EDV-Geräte	0,25 mA
– 0702	allgemein, Geräte der Schutzklasse II	0,50 mA
Schutzleiterstrom		
(kann bei einer Schutzleiterunterbrechung zum Berührungsstrom werden, s. Bild 6.8)		
– 0701 Teil 1	allgemein, Geräte der Schutzklasse I	3,5 mA
– 0702	allgemein, Geräte	3,5 mA
– 0701/0702	Geräte mit Heizelementen	bis 15 mA
III. Werte aus anderen Normen (Beispiele)		
Berührungsstrom		
– 0740 Teil 1	handgeführte Elektrowerkzeuge Schutzklasse II	0,25 mA
Ableitstrom		
– 0700 Teil 1	– bei Geräten der Schutzklassen 0, I und III	0,50 mA
	– bei ortsveränderlichen Geräten der Schutzklasse I	0,75 mA
	– bei ortsfesten Motorgeräten der Schutzklasse I	3,50 mA
	– bei ortsfesten Wärmegeräten der Schutzklasse I	
	mit Bemessungsleistung bis 1 kW	0,75 mA
	– mit Bemessungsleistung über 1 kW	0,75 mA/kW, max 5 mA
	– bei Geräten der Schutzklasse II	0,25 mA

lichen Beeinträchtigung und auch noch nicht zu einer Verkrampfungen der durchströmten Person führt (Bild 4.4 und **Tafel 4.3**).
2. Die Festlegung zum Schutzleiterwiderstand, der *niederohmig* sein soll, d. h. Werte von 0,1...0,3...1,0 W nicht überschreiten darf (Bild 6.3).
3. Die Festlegung des geringsten noch zulässigen Isolationswiderstandes von z. B. 0,5 MW bei 500 V Nennspannung, die einem möglichen Berührungsstrom von 500 V/0,5 MW = 1 mA entspricht.

Werden diese Grenzwerte eingehalten, so sind die Anforderungen der Normen DIN VDE 0701/0702 erfüllt. Ist damit die Prüfung als „bestanden" zu werten? Bitte nicht vorschnell mit „Ja" antworten. Über diese provozierende Frage ist gründlich nachzudenken.

Bitte beachten Sie Folgendes: Der Messwert und sein mehr oder weniger großer Abstand zum Grenzwert sind für den Prüfer zunächst nur erste seelenlose Informationen. Er hat sie zu bewerten und daraus dann **seine** Entscheidung abzuleiten. Wird ein solcher Grenzwert **gerade noch eingehalten,** so ist das geprüfte Geräte in dem Moment der Messung **gerade noch sicher** genug, **noch nicht fehlerhaft**. Der Prüfer aber hat aber zu entscheiden, ob ein sicherer Betrieb über Monate oder gar Jahre erwartet werden kann.

Schlussfolgerung: Allein das Einhalten eines Grenzwertes genügt nicht, um ein Gerät zum weiteren Gebrauch freizugeben (F 6.19, F 6.34).

Frage 4.6   Gegen welche Gefährdungen muss der Nutzer eines ortsveränderlichen Gerätes geschützt sein?

Nach dem Gerätesicherheitsgesetz [2.1] darf ein Gerät nur in den Verkehr gebracht werden, wenn von ihm bei *bestimmungsgemäßer Verwendung* für den Benutzer oder dritte Personen keine Gefahr für Leben oder Gesundheit ausgeht. Gegen **jede** bei **bestimmungsgemäßer** Verwendung mögliche *Gefährdung* (Tafel 4.1) muss somit eine Schutzmaßnahme vorhanden sein.

Frage 4.7   Welche Sicherheit bietet ein ortsveränderliches Gerät, das an eine bezüglich der Schutzmaßnahme defekte Anlage angeschlossen wird?

Hier zeigt sich ein Vorteil der Geräte der *Schutzklasse II.* Unabhängig von dem Zustand der sie versorgenden Anlage ist die Schutzmaßnahme *verstärkte* oder *doppelte Isolierung (*früher *Schutzisolierung)* immer direkt am Gerät wirksam. Im Gegensatz dazu beeinflussen bei Geräten der anderen Schutzklassen bestimmte Defekte in der Anlage, z. B.
– Schutzklasse I Unterbrechung des Schutzleiters (Bild 6.8 c, d)
– Schutzklasse III Isolationsfehler im Stromkreis der Schutzkleinspannung,

die Wirksamkeit der Schutzmaßnahme des Fehlerschutzes (Bild 4.1) für das Gerät. Hinzu kommt, dass diese Fehler ohne eine Messung nicht bemerkt werden und die Gefährdung möglicherweise lange bestehen bleibt. Im Gegensatz dazu ist eine Einschränkung der Schutzmaßnahme bei Geräten der Schutzklasse II durch die damit verbundene Beschädigung des Gehäuses oder der Abdeckungen meist offensichtlich zu erkennen.
Andererseits ist zu bedenken, dass ein durchnässtes Gerät der Schutzklasse II möglicherweise seine Schutzwirkung einbüßt, während bei einem Gerät der Schutzklasse I in diesem (Fehler-)Fall eine Abschaltung erfolgt.

Schutzmaßnahmen

Der **Schutz gegen direktes Berühren** sowie gegen das Eindringen von Fremdkörpern und Wasser wird durch die *Schutzart* gekennzeichnet (**Tafel 4.4** und **Tafel 4.6**).
Der **Schutz bei indirektem Berühren**, der bei einem ortsveränderlichen Gerät wirkt, wird durch die *Schutzklasse* angegeben (**Tafel 4.5**).
Vorgaben für Schutzart und Schutzklasse eines Gerätes werden in Abhängigkeit vom Einsatzort und der Benutzungsart in den jeweils geltenden DIN-VDE-Normen festgelegt. Beispiele sind in Tafel 4.6 aufgeführt.
Für den **Schutz gegen zu hohe Temperaturen** an den Bedienelementen gelten die Vorgaben in **Tafel 4.7**
Geht es bei speziellen Geräten auch um die Wirksamkeit weiterer Schutzmaßnahmen (Tafel 4.1, Bild 4.2), so sind die einzuhaltenden Grenzwerte den Herstellernormen und der Gerätedokumentation zu entnehmen.
Bei der Prüfung sind der Nachweis der Wirksamkeit der Schutzmaßnahmen und der Nachweis des Einhaltens der Grenzwerte insoweit erforderlich, wie es
– in den Normen der Prüfung [3.25] [3.41] vorgeschrieben ist,
– in der Dokumentation des zu prüfenden Gerätes gefordert wird oder
– durch den Prüfer selbst als notwendig erkannt wurde (F 3.8).

Frage 4.8 Woran ist ein Gerät der Schutzklasse I zu erkennen?

Für die Schutzklasse I gibt es kein Symbol. Mitunter erfolgt eine Kennzeichnung auf dem Gerät unrichtigerweise durch das Symbol für den Schutzleiteranschluss. Charakteristisch für die Schutzklasse I (Bild 4.2) ist das Vorhandensein
– einer Anschlussleitung mit Schutzkontaktstecker oder eines dreipoligen Gerätesteckers und
– von berührbaren leitenden Teilen

Tafel 4.4 *Schutzarten der Geräte*

Schutz gegen Berühren/Fremdkörper			Schutz gegen Wasser		
Erste Kennziffer	Bedeutung	Symbol Zusatzbuchstabe[2]	Zweite Kennziffer	Bedeutung	Symbol
0	kein Schutz	–	0	kein Schutz	–
1	Schutz gegen • versehentliches Berühren • Fremdkörper > 50 mm ø	A	1	Schutz gegen Tropfwasser	
2	Schutz gegen • Berühren mit Fingern max. 80 mm lang • Fremdkörper > 20 mm	B	2	Schutz gegen Regen (Winkel 15°)[1]	●
3	Schutz gegen • Werkzeug, Draht > 2,5 mm dick • Gegenstände > 2,5 mm ø	C	3	Schutz gegen Sprühwasser[1] (Winkel 60°)	[●]
4	Schutz gegen • Drähte, Bänder > 1 mm dick • Gegenstände > 1 mm ø	D	4	Schutz gegen Spritzwasser aus allen Richtungen	▲
5	Schutz gegen • Berühren vollständig • Staubablagerung	–	5	Schutz gegen Strahlwasser	▲ ▲
6	Schutz gegen • Berühren vollständig • Eindringen von Staub	◆◆◆	6	Schutz gegen – Überfluten, starkes Strahlwasser[1]	
			7	– Eintauchen	
			8	– Untertauchen	
Weitere Symbole					
für rauhen Betrieb		⟨T⟩	feuersichere Trennung bei Leuchten mit Leuchtstofflampen		⟨F⟩
Warnung vor gefährlicher Spannung		⚡	vor Öffnen Netzstecker ziehen		
Sicherheitstransformator gekapselt		⟨8⟩	Spielzeugtransformator (Kinderkochgerät u. a.)		

1) Bei den Symbolen besteht keine völlige Übereinstimmung mit den Kennziffern der Schutzarten.
2) A Handrückenschutz; B Fingerschutz; C Werkzeugschutz; D Drahtschutz

Tafel 4.5 Schutzklassen der Geräte [3.4] [3.9]

Schutz-klasse	Beschreibung	Kennzeichen Symbol	Bemerkung
0	Die aktiven Teile des Gerätes sind nur durch die Basisisolierung gegen direktes Berühren geschützt. Eine Schutzmaßnahme bei indirektem Berühren (Fehlerschutz) ist nicht vorhanden.	–	Herstellung ist nicht oder oder nur für spezielle Anwendungen zulässig Darstellung Bild 4.7
I	Die aktiven Teile des Gerätes sind durch die Basisisolierung gegen direktes Berühren geschützt. Durch den Anschluss der berührbaren leitenden Teile an den Schutzleiter werden diese in die Schutzmaßnahme bei indirektem Berühren (Fehlerschutz) der Anlage einbezogen.	– (Anschlussstelle des Schutzleiters wird gekennzeichnet mit ⊕)	Darstellung Bild 4.1
II	Die aktiven Teile werden durch eine verstärkte oder doppelte Isolierung geschützt. Damit ist der Schutz gegen direktes Berühren gesichert. Der Schutz bei indirektem Berühren ist ebenfalls gegeben, da ein Isolationsfehler praktisch unmöglich gemacht wird.	▫	Darstellung Bild 4.1
III	Der Schutz gegen gefährliche Körperströme wird durch die geringe Spannung und die sichere Trennung zu anderen Stromkreisen erreicht.	⟨III⟩	[3.4]

am Gerät (**Bilder 4.5** a, d, e, f und 4.6). Möglich ist jedoch auch, dass ein Gerät der Schutzklasse II, aus einem vom Hersteller zu vertretenden Grund, mit einer dreiadrigen Anschlussleitung einschließlich Schutzkontaktstecker ausgerüstet wurde (Bild 4.5 h) oder zum Gewährleisten des Kurzschlussschutzes bzw. des Schutzes gegen Störungen durch elektromagnetische Felder, die mit dem Schutzleiter (Erde) verbundene dritte Ader benötigt wird. Auf Isolierteilen von Geräten der Schutzklasse I können berührbare leitende Teile angebracht sein, die nicht mit dem Schutzleiter verbunden sind. Sie sind dann gegenüber den aktiven Teilen so isoliert, dass dies der Schutzisolierung entspricht (Bild 4.5f).

Frage 4.9 Wie ist ein Gerät der Schutzklasse II zu erkennen?

Diese Geräte werden durch das Symbol ▫ (Tafel 4.5) gekennzeichnet. Charakteristisch für sie ist auch eine zweiadrige Anschlussleitung mit einem Stecker gemäß **Bild 4.6**.

43

Tafel 4.6 Geforderte Mindestschutzart für ortsveränderliche Geräte bei besonderen Einsatzbedingungen und bestimmungsgemäßer Anwendung (Beispiele)

Raumart, Ort, Arbeitstelle	DIN-VDE-Norm	Geräteart	Schutzart
Wohnräume	0100		IP 20
Küche	0100		IP 20
Bad, Bereich 3	0100 Teil 701		IP 20
Bereiche 0, 1, 2	0100 Teil 701	allgemein	–[1]
Balkon (außen geschützt)			IP X1
Terasse, Garten (außen ungeschützt)	0100 Teil 737		IP X3
Waschküche (ohne Spritzwasser)	0100 Teil 737		IP X1
Verwaltung			IP 20
Werkstatt (trockener Raum)	0100		
– ohne			IP 20
– mit			Tafel 4.4
Fremdkörpereinwirkung			
Baustelle	0100 Teil 704	handgeführte Elektrowerkzeuge	IP 2X
		Handleuchten	IP X5
		Steckvorrichtung (Isoliermat.)	IP X4
		Wärmegeräte	IP X4

1) Ausnahmen für Warmwasserbereiter, Leuchten mit Schutzkleinspannung u. a. [3.3 Teil 701]

Tafel 4.7 Zulässige Temperaturen der berührbaren Teile [3.5]

Art der Berührung	Material metallisch	nicht metallisch
in der Hand halten	55 °C	65 °C
kein fester Zugriff	70 °C	80 °C
nicht erforderlich	80 °C	90 °C

Das Ausrüsten von Geräten der Schutzklasse II mit einer dreiadrigen Anschlussleitung und einem Schutzkontaktstecker ist zulässig, da dadurch keine Beeinträchtigung der Schutzmaßnahme *Schutzisolierung* erfolgt. Dass dies eine unschöne und unrationelle Lösung ist, spielt dabei keine Rolle. In diesen Fällen wird gefordert [3.4], den Schutzleiter **nicht** an die im Gerät vorhandenen leitenden Teile anzuschließen. Zu beachten ist aber, dass ein solcher Anschluss dann zulässig ist, wenn er in der Herstellernorm bestimmter

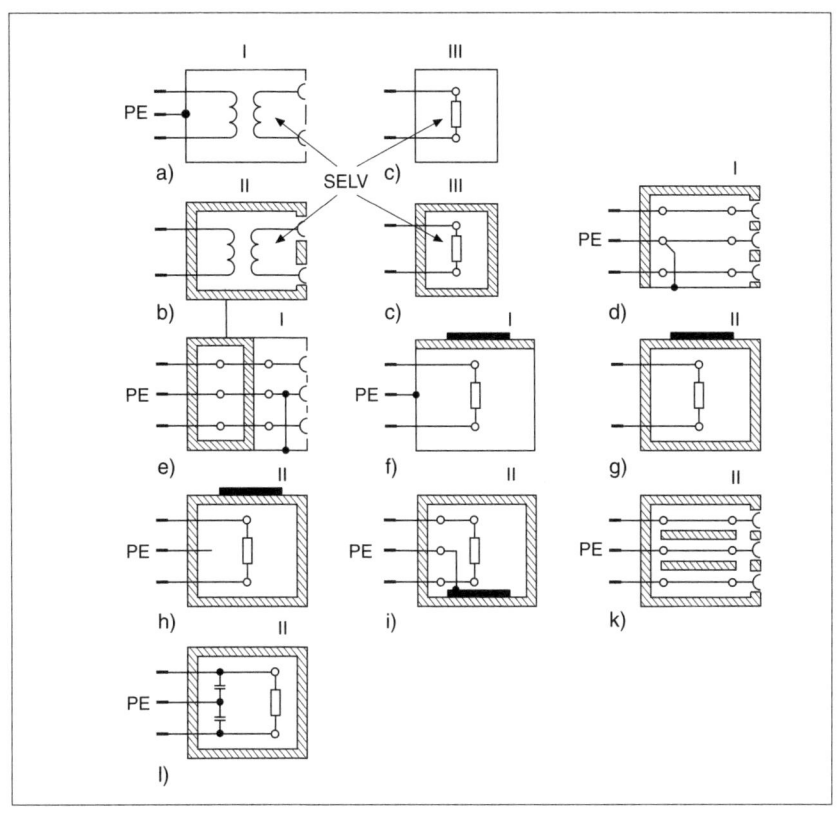

Bild 4.5 *Beispiele für die Schutzklassen bestimmter Gerätearten*

a) Gerät der Schutzklasse I zur Versorgung von Geräten der Schutzklasse III (c) mit Schutzkleinspannung (SELV)
b) Schutzklasse II, sonst wie bei a)
c) Schutzklasse III mit Gehäuse aus leitendem/nichtleitendem Werkstoff
d) Schutzklasse I, Gehäuse teilweise aus nichtleitendem Material
e) Schutzklasse I, als Schutzmaßnahme des Fehlerschutzes wird für einen Teil der inneren Installation die Schutzisolierung verwendet (Bild 4.2)
f) Schutzklasse I, berührbares leitendes Teil ist nicht mit dem Schutzleiter verbunden, aber gegenüber den aktiven Teilen schutzisoliert
g) Schutzklasse II, berührbares leitendes Teil ist gegenüber den aktiven Teilen schutzisoliert
h) Schutzklasse II, dreiadrige Zuleitung (F 4.9), Schutzleiter ist im Gerät nicht angeschlossen
i) Schutzklasse II, dreiadrige Zuleitung, Schutzleiter ist aus funktionellen Gründen mit einem leitenden Teil im Gerät verbunden (F 4.9)
k) Schutzklasse II, dreiadrige Zuleitung, Schutzleiter im Gerät nicht angeschlossen, er dient dem Gewährleisten der Schutzmaßnahme der zu versorgenden Geräte der Schutzklasse I
l) Schutzklasse II, dreiadrige Anschlussleitung, Schutzleiter dient dem Gewährleisten des Schutzes gegen Störungen durch elektromagnetische Felder

Schutzklasse 0 nicht genormt, Herstellung für den allgemeinen Gebrauch nicht gestattet	
Schutzklasse I nach DIN 49411 a) mit einem b) mit zwei Schutzkontakten	a) b)
Schutzklasse II nach DIN 49406/ 49464	
Schutzklasse III	Stecker für Geräte der Schutzklasse III müssen so gestaltet sein, dass sie nicht in Steckvorrichtungen der Installationsanlagen eingeführt werden können.

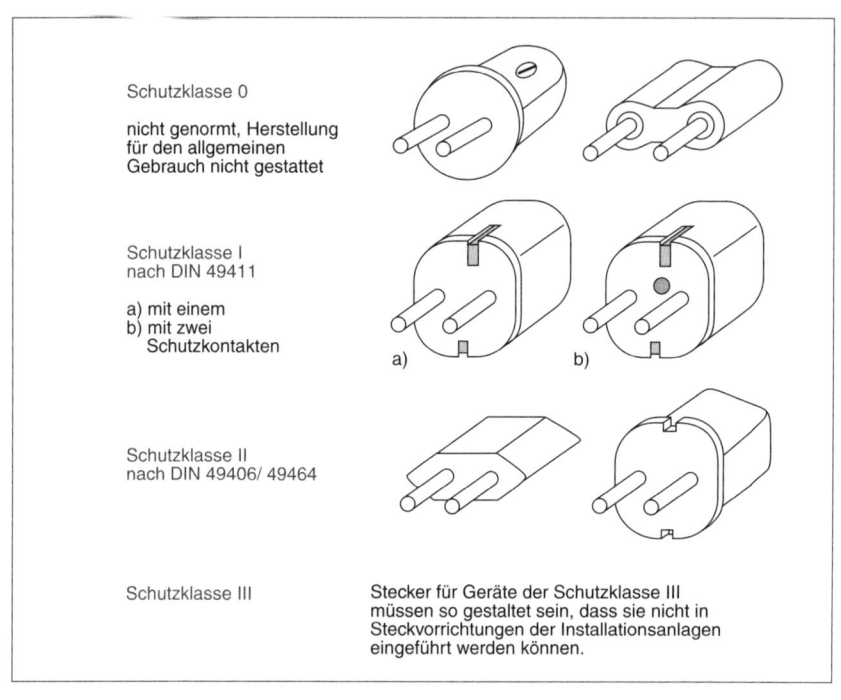

Bild 4.6 *Zuordnung der WS-Steckvorrichtung zu den Schutzklassen*

Gerätearten gefordert wird (Bild 4.5 i, l). Die an den Schutzkontakt des Steckers angeschlossene Ader muss die grün/gelbe Ader der Leitung sein. Wird bei einem Gerät der Schutzklasse II eine Steckvorrichtung mit Schutzkontakt zum Anschluss weiterer Geräte eingesetzt und muss somit der Schutzleiter durch das Gerät geführt werden (Bild 4.5 k), so wird der Schutzleiter wie ein aktives Teil behandelt und entsprechend isoliert. Die Schutzwirkung der Schutzisolierung und damit die Schutzklasse II bleiben erhalten.

Frage 4.10 Sind Geräte der Schutzklasse 0 zulässig?

Ihr Einsatz wäre nur dann zulässig, wenn in der Anlage bzw. in dem betreffenden abgegrenzten Bereich die Schutzmaßnahme „Schutz durch nichtleitende Räume" [3.4] angewendet wird. Dies ist jedoch ein Sonderfall, der notwendigerweise mit speziellen organisatorischen Regelungen verbunden ist und in dem hier behandelten Zusammenhang keine Rolle spielt (**Bild 4.7**). Zu prüfen wären derartige Geräte nach dem Prüfprogramm der Schutzklasse II. In anderen Bereichen, z. B. Wohnräumen und Werkstätten, in denen mit dem Vorhandensein von leitenden Systemen mit Erdpotenzial zu rech-

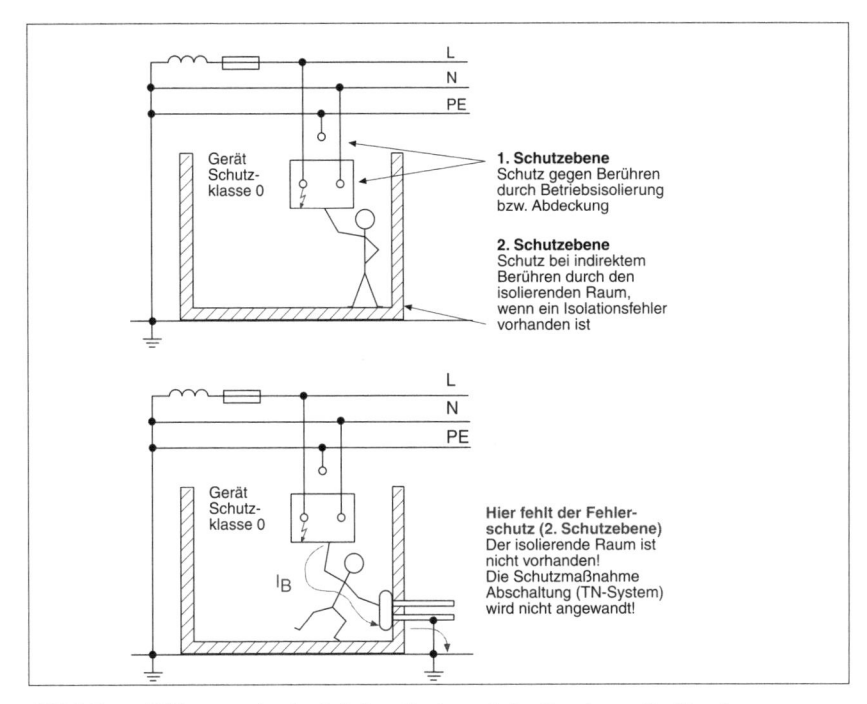

Bild 4.7 *Wirkungsweise der Schutzmaßnahmen beim Einsatz von Geräten der Schutzklasse 0*

nen ist, dürfen diese Geräte natürlich nicht eingesetzt werden. Im Fehlerfall würde keine Abschaltung erfolgen (Bild 4.7). Aus diesem Grund ist ihre Herstellung für den allgemeinen Gebrauch nach den DIN-VDE-Normen nicht gestattet.

Frage 4.11 Was ist zu bedenken, wenn ein Gerät der Schutzklasse 0 so umgebaut wird, dass es der Schutzklasse I oder II entspricht?

Dieser Umbau ist mit dem Herstellen eines neuen Gerätes gleichzusetzen (Abschnitt 3). Ob er sinnvoll ist, kann nur die verantwortliche Fachkraft entscheiden. Das umgebaute Gerät muss dann den für seine Herstellung geltenden Normen [2.1] [3.23] [3.44] bis [3.55] entsprechen und den ebenfalls dort vorgegebenen Prüfungen unterzogen werden. Der dadurch entstehende Aufwand spricht gegen eine derartige Verfahrensweise; fachliche Probleme würden für den erfahrenen Praktiker allerdings wohl kaum entstehen. Wenn ein Kunde aus persönlichen Gründen Wert darauf legt, ein solches Gerät auch weiterhin zu verwenden, so sollte der Umbau vorgeschlagen und vorgenommen werden. Anderenfalls muss man wohl mit einer unkritischen weiteren Anwendung dieses Sicherheitsmonsters rechnen. Eine solche Gelegenheit sollte dann auch genutzt werden, um den Kunden über die heute vorhandenen Möglichkeiten der Elektrosicherheit, z. B. über den Zusatzschutz durch FI-Schutzschalter im Bad, Küche usw., zu informieren [5.11].

Frage 4.12 Welcher Schutzklasse ist ein Gerät zuzuordnen, das über einen Transformator die Schutzmaßnahme Schutztrennung oder Schutzkleinspannung zur Verfügung stellt?

Die Schutzklasse wird immer von der Schutzmaßnahme bestimmt, die das Gerät selbst aufweist (Bild 4.5 b) bzw. in die es einbezogen werden kann (Bild 4.5 a). Sie ist unabhängig von der Schutzmaßnahme, die auf der Sekundärseite des Transformators wirksam wird (Bild 4.5 c).
Bei der Prüfung dieser Geräte ist auch die Wirksamkeit der Schutzmaßnahme Schutztrennung bzw. Schutzkleinspannung nachzuweisen [3.6].

Frage 4.13 Welcher Schutzklasse ist ein Gerät zuzuordnen, dessen Körper teilweise aus metallener Umhüllung und teilweise aus Isoliermaterial besteht?

Wenn es leitende berührbare Teile aufweist, die mit dem Schutzleiter verbunden sind, entspricht das den Merkmalen der Schutzklasse I (Bilder 4.5 d, e, f). Aus dem gleichen Grund ist das Merkmal der Schutzklasse II – isolierende Umhüllung aller aktiven Teile – nicht erfüllt. Sind bei diesem Gerät ein oder mehrere berührbare leitende Teile nicht mit dem Schutzleiter verbunden, aber gegenüber den aktiven Teilen so isoliert, dass dies den Anforderungen einer Schutzisolierung genügt (Bild 4.5 f), müssen diese Teile prüftechnisch wie ein Gerät der Schutzklasse II behandelt werden.
Befinden sich die berührbaren leitenden Teile auf einer isolierenden Umhüllung, die eine Schutzisolierung des Gerätes sichert (Bild 4.5 g, h), sind sie also vom Hersteller nicht für den Anschluss des Schutzleiters vorgesehen, so ändert sich dadurch nichts an der Schutzklasse II dieses Gerätes.

Kennwerte, Nennwerte, Bemessungswerte, Eigenschaften

Die Eigenschaften eines Gerätes können in Worten oder durch *Kennwerte*/Kenngrößen beschrieben werden. Handelt es sich um Kennwerte,
– die dem Benutzer garantiert werden oder
– von denen bestimmende Eigenschaften und die ordnungsgemäße Funktion abhängen,
für die das Gerät vom Hersteller also **bemessen** wurde, so werden diese Angaben als *Nenn-* oder *Bemessungswerte* bezeichnet.

Prüftechnik
Prüftafeln mobil und stationär
Sicherheitstester
Leitungsprüfgeräte
FI-Testsysteme

MERZ (GEWISS GROUP)

Das Komplettsystem
für Prüfungen nach DIN VDE 0701/0702 und BGV A2

emanager
Prüfsoftware
leistungsfähig
herstellerneutral
zukunftsfähig
(Demo-Software auf der Buch-CD)

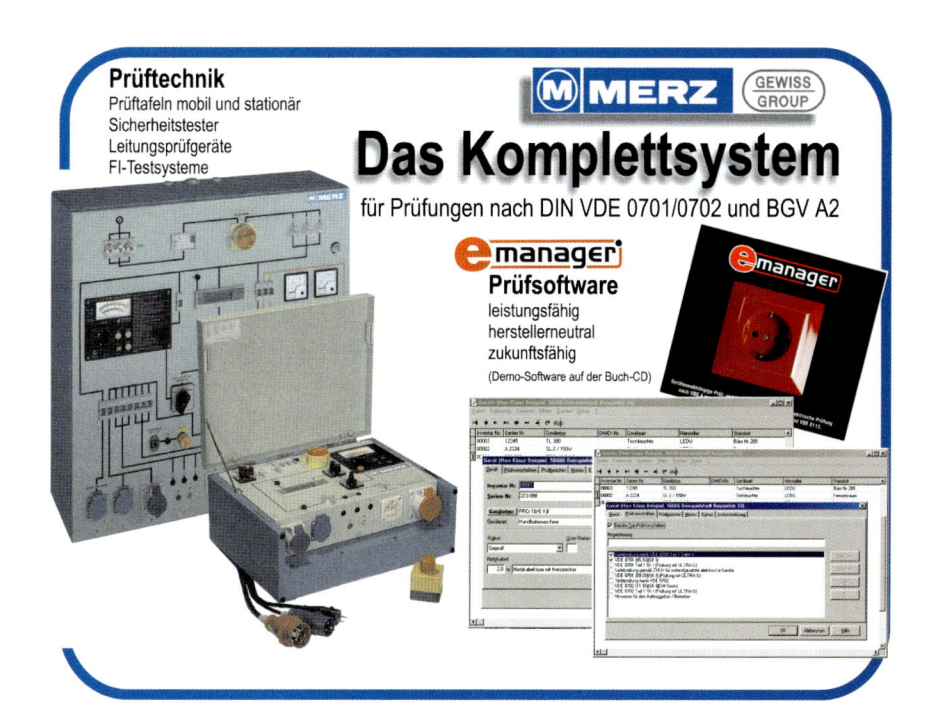

Misst alles, vergisst nichts!

AUTOTEST 0701/0702 S
Prüfgerät für ortsveränderliche Geräte

- automatischer
  oder manueller Prüfablauf
- Speicher für max. 800 Messwerte
- Differenzstrommessverfahren
- incl. RS 232C-Schnittstelle
- Barcodeleser optional

Lieferumfang:
- Protokoll-Software,
- Schutztasche,
- Mess- und Datenkabel.

VDE 0701/0702

Protokolle zu verteilen!

Demo-CD auf Anfrage

emanager

E-CHECK Partner-Unternehmen

- Die Software für alle gängigen VDE-Prüfgeräte inkl. Datenübertragung
- Geräteunabhängige Prüf- und Protokollsoftware für die elektrische Prüfung nach VBG 4 (neu: BGV A2)
- **VDE 0100, VDE 0701/0702 und VDE 0113**

Amprobe Europe GmbH
Lürriper Straße 62 · D-41065 Mönchengladbach
Internet: www.amprobe.de · Email: info@amprobe.de

AMPROBE®

Willkommen in der Zukunft

Wir haben die Lösungen...

...für Ihren Prüfplatz !
Wir fertigen für Sie
Prüfverteilungen in:
- Schrankbauformen
- Kanalbauformen
- Sonderformen
nach Ihren Vorgaben

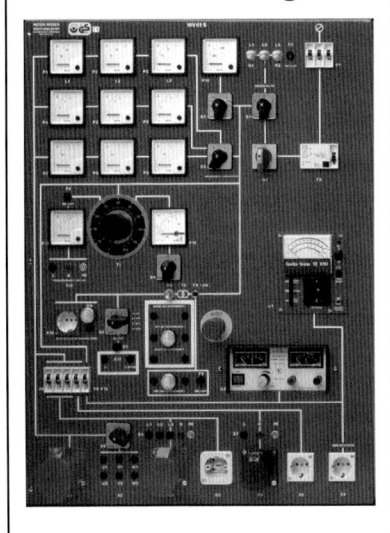

Werkstattprüfverteilungen
Mess- und Prüftechnik

PETER PEISER
electroanlagen gmbh
Schlachthofstraße 4-6
31582 Nienburg
Telefon (05021) 5811
Telefax (05021) 5001

www.peiser-electroanlagen.de
email@peiser-electroanlagen.de

ELEKTRO PRAKTIKER Bibliothek

Brandschutz
in der Elektroinstallation

141 Seiten, 40 Abbildungen,
Papaerback
ISBN 3-341-01275-3
€ 24,80

Friedemann Schmitt

Brandschutz
in der Elektroinstallation

■ Als Elektrofachkraft sind Sie für die Sicherheit Ihrer Anlagen verantwortlich, die nicht zum Brandherd werden oder die Ausbreitung von Bränden begünstigen dürfen. Wer sich auf Normen und Regelwerke stützt, vermeidet fahrlässiges Verhalten.
Diese Neuauflage bietet alle wesentlichen aktuellen Rechtsgrundlagen und Richtlinien zum vorbeugenden Brandschutz von Elektroanlagen.

Verlag Technik · 10400 Berlin
Tel.: 030/4 21 51-325
Fax: 030/4 21 51-468
eMail: versandbuchhandlung@hussberlin.de
www.technik-fachbuch.de

Auf oder an dem Gerät müssen alle *Bemessungswerte (Nennwerte)*, über die der Anwender für einen *bestimmungsgemäßen* Einsatz informiert sein muss, leicht und eindeutig erkennbar sein.
Dies sind
– Symbol der Schutzklasse, Schutzart,
– Bemessungsspannung, -frequenz, -leistung (-strom).

Hinzu kommen
– Name oder Warenzeichen des Herstellers, Gerätetyp
– Prüfzeichen (F 4.2), CE-Zeichen (F 4.4)
sowie weitere die Sicherheit oder die bestimmungsgemäße Anwendung betreffende Werte, die sich aus der Art des Gerätes ergeben. Können beim Betrieb Gefahren auftreten, die nicht durch Schutzmaßnahmen des Gerätes beseitigt werden, müssen auf dem Gerät auch Warnhinweise, gegebenenfalls als Symbol (Tafel 4.4), angebracht sein. Alle Angaben müssen als genormte Symbole oder durch gesetzliche Einheiten dargestellt werden.

Frage 4.14 Muss die Dokumentation in der Sprache des Landes abgefasst sein, in dem das Gerät in den Verkehr gebracht wird?

Sämtliche Angaben auf dem Gerät und in der Dokumentation müssen für den Anwender des Gerätes – meist ein Nichtfachmann – eindeutig und leicht verständlich sein. Es ist vorgeschrieben, dass bei allen Geräten, die in Deutschland in den Verkehr gebracht werden, alle Aussagen in deutscher Sprache getroffen werden müssen [2.1].

Frage 4.15 Wie ist zu erkennen, für welche Beanspruchungen ein Gerät geeignet ist?

Die auf dem Gerät angegebene Schutzart (Tafel 4.4) sowie das Vorhandensein oder Fehlen des Symbols für rauhen Betrieb bieten solch eine Ausage über die zulässigen Beanspruchungen und Einsatzorte. Hinzu kommen die Angaben der Bedienanleitung und das äußere Erscheinungsbild.
Allerdings, und das ist ein schwerwiegender Nachteil, mit diesen Informationen kann zumeist nur eine Elektrofachkraft etwas anfangen. Der Benutzer, oft ein Elektrolaie, wird überfordert. So ist zu erklären, dass vielfach auf Baustellen, im Freien und an anderen Stellen mit hoher Beanspruchung Geräte verwendet werden, die für einen solchen Einsatz nicht geeignet sind.
Um diesen Nachteil zu vermeiden, verlangen die Berufsgenossenschaften für ihren Verantwortungsbereich – Gewerbe und Industrie – eine Kennzeichnung der ortsveränderlichen Geräte, die den zulässigen Einsatzort auch für den nichtfachkundigen Benutzer deutlich werden läßt [1.2]. Vorgeschlagen

werden die in [4.4] austührlich beschriebenen und in **Tafel 4.8** genannten Kategorien. Die Kennzeichnung muss durch den Betreiber, d. h. durch die verantwortliche Elektrofachkraft gesichert werden.

Tafel 4.8   Kategorien der ortsveränderlichen Betriebsmittel mit den zugeordneten Eigenschaften und Beanspruchungen, sinngemäß nach [4.4]

Eigenschaften, Ausführung, Art d. Beanspruchung	Einsatzorte bei Bezeichnung mit der Kategorie:		
	ohne	K1	K2
	Wohnung, Büro	Werkstatt, Montage, Labor, Schlosserei, Fertigung, Werkzeugbau, Wäscherei	Baustelle, Landwirtschaft, Tagebau, Chemie, Schwermontage, Stahlbau
	innen	innen, teilw. außen	innen und außen
mech. Beanspruchung	gering	normal	hoch
Feuchte	keine	gering	mittel bis hoch
Staub	gering	normal	hoch, auch leitend
Öle, Laugen, Säuren	keine	gering	mittel bis hoch
Schutzklasse	vorzugsweise II	vorzugsweise II	vorzugsweise II
Schutzart	$\geq$ IP 20 nach Norm	$\geq$ IP 43	$\geq$ IP 54
Leitungsart entsprechend	H03 VV-F	H05 RN-F	H07 RN-F

5 Art der Prüfung, Prüfaufgaben, Prüffristen

In der Unfallverhütungsvorschrift BGV A2 [1.2] und den DIN-VDE-Normen für die Prüfung der Geräte [3.23] [3.25] [3.41] wird unterschieden zwischen
- *Erstprüfung* vor der ersten Inbetriebnahme,
- *Prüfung nach einer Instandsetzung oder Änderung* und
- *Wiederholungsprüfung* (**Bild 5.1**).

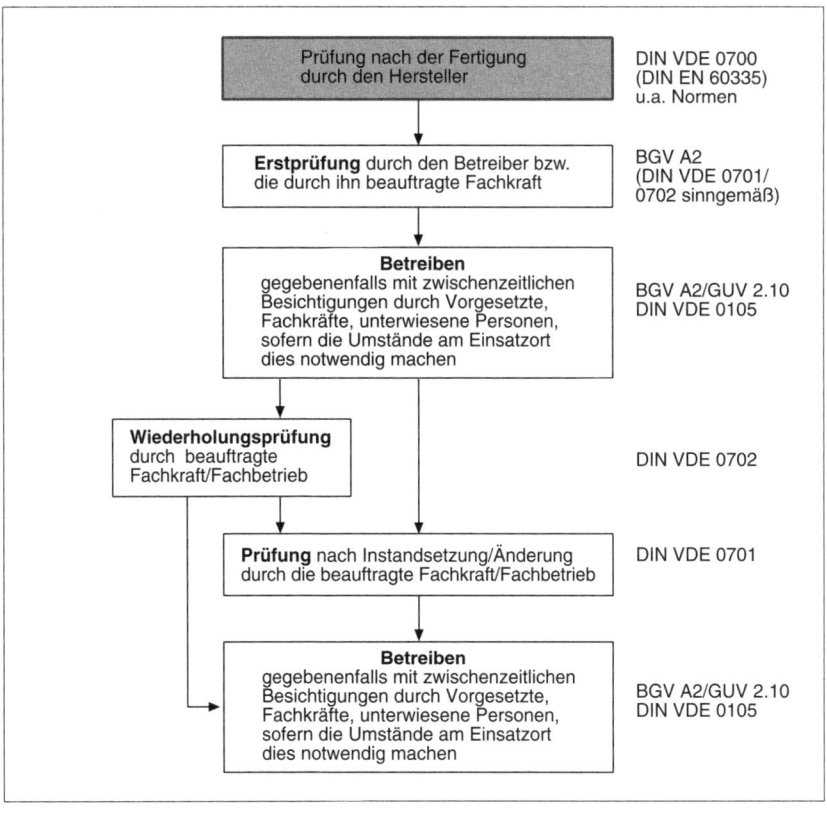

Prüfung nach der Fertigung durch den Hersteller	DIN VDE 0700 (DIN EN 60335) u.a. Normen
Erstprüfung durch den Betreiber bzw. die durch ihn beauftragte Fachkraft	BGV A2 (DIN VDE 0701/ 0702 sinngemäß)
Betreiben gegebenenfalls mit zwischenzeitlichen Besichtigungen durch Vorgesetzte, Fachkräfte, unterwiesene Personen, sofern die Umstände am Einsatzort dies notwendig machen	BGV A2/GUV 2.10 DIN VDE 0105
Wiederholungsprüfung durch beauftragte Fachkraft/Fachbetrieb	DIN VDE 0702
Prüfung nach Instandsetzung/Änderung durch die beauftragte Fachkraft/Fachbetrieb	DIN VDE 0701
Betreiben gegebenenfalls mit zwischenzeitlichen Besichtigungen durch Vorgesetzte, Fachkräfte, unterwiesene Personen, sofern die Umstände am Einsatzort dies notwendig machen	BGV A2/GUV 2.10 DIN VDE 0105

Bild 5.1 Prüfgeschichte der Geräte

Die beiden letztgenannten Prüfungen haben das gleiche Ziel, es ist nachzuweisen, dass die Sicherheit gegeben und bei bestimmungsgemäßem Gebrauch ein gefahrloser Betrieb bis zur nächsten planmäßigen Wiederholungsprüfung möglich ist. Daher ist verständlich, dass in beiden Normen [3.25] [3.41] im Prinzip die gleichen Grenzwerte und Messmethoden zum Nachweis der Sicherheit zu finden sind. Lediglich in einigen wenigen Fällen werden für das Prüfen nach dem Instandsetzen/Ändern (auf den Zusatz „Ändern" wird im folgenden Text verzichtet) andere oder zusätzliche Prüfungen gefordert (Tafeln 6.3 und 6.6). Ein wesentlicher Unterschied besteht allerdings. Bei der **Prüfung nach einer Instandsetzung** ist zusätzlich und als Erstes festzustellen,
– ob in der Gebrauchsanleitung des Herstellers Vorgaben für das Instandsetzen und Prüfen enthalten sind,
– ob das Instandsetzen sachgemäß erfolgt ist und
– ob Veränderungen gegenüber dem Originalzustand vorgenommen wurden und damit die Übereinstimmung der Kennwerte neu eingesetzter Teile mit denen der Originalteile nachgewiesen werden muss (F 5.1).

Dies entfällt bei der **Wiederholungsprüfung**.
Einschränkend ist zu beachten, dass sich die Normvorgaben und damit die Notwendigkeit der Sicherheitsprüfungen nur auf solche Instandsetzungen beziehen, die bei fehlerhafter Ausführung eine Beeinträchtigung der Sicherheit zur Folge haben können. Wesentlich ist auch, dass die Prüfung auf den oder die instandgesetzten Teile bzw. die durch sie gewährleisteten Schutzmaßnahmen beschränkt werden kann.

> Zu beachten ist, durch eine Veränderung, die über die vom Hersteller in der Dokumentation zugelassenen Änderungen hinausgeht (F 5.1), können möglicherweise die Garantieansprüche eingeschränkt werden.

Eine **Erstprüfung** ist an jedem Gerät vor seiner ersten Inbetriebnahme durchzuführen. Verantwortlich dafür ist sein Besitzer/Betreiber. Da vorausgesetzt werden kann, dass ein den Normen entsprechendes Betriebsmittel von seinem Hersteller den vorgeschriebenen Prüfungen unterzogen wurde (Bild 5.1), kann sich diese *Erstprüfung* auf eine Besichtigung beschränken. Dabei ist festzustellen, ob das Gerät
– mit dem CE-Zeichen und gegebenenfalls mit einem Prüfzeichen gekennzeichnet ist,
– den DIN-VDE-Normen entspricht und somit die geforderte Sicherheit gewährleistet wird (F 4.1),
– keine Beschädigungen aufweist und vollständig ist,
– für den vorgesehenen Einsatzzweck und -ort richtig ausgewählt wurde,

und auch ob
- eine ausreichende und vollständige Dokumentation vorhanden ist,
- spezielle Prüfvorgaben bestehen, besondere Prüfgeräte anzuschaffen und Belehrungen der Nutzer/Prüfer erforderlich sind,
- betriebliche Anweisungen für den richtigen Einsatz in Ergänzung der bereits vorhandenen Festlegungen (Tafeln 9.1 und 9.2) benötigt werden.

Frage 5.1   Was wird als Instandsetzung bezeichnet?

Durch das **Instandsetzen** werden Mängel beseitigt und damit der Sollzustand wieder hergestellt. Diese sehr allgemeine Definition wird den Anforderungen der Praxis nicht immer voll gerecht. So sind natürlich eine lose Abdeckung, korrodierte Steckerstifte, ein lockerer Haltegriff und ein unleserliches Typenschild zu behebende Mängel, als Instandsetzung kann man ihre Beseitigung nicht bezeichnen. Ebenso wie beim Auswechseln einer Lampe oder Sicherung ist eine nachfolgende komplette Prüfung dann nicht erforderlich, das Besichtigen und ein Nachweis des Funktionierens genügen. Hingegen sind das Auswechseln der Anschlussleitung (**Bild 5.2**) einer Steckvorrichtung und einer Abdeckung durchaus als Instandsetzung anzusehen. Hier wird, und das ist eigentlich entscheidend für die Notwendigkeit einer Prüfung, **ein die Sicherheit berührender Eingriff vorgenommen.**
Es muss durch das Prüfen festgestellt werden, inwieweit im Ergebnis der Instandsetzung die Sicherheit gewahrt wird. Ob der Austausch von Verschleißteilen als Grund für eine Prüfung anzusehen ist, muss ebenfalls von Fall zu Fall nach dem eben genannten Kriterium entschieden werden.

Als *Änderung* wird nach DIN VDE 0701 Teil 1 [3.25] eine Maßnahme definiert, die bereits vom Hersteller des betreffenden Gerätes **zugelassen**/vorgegeben wurde. Eine wirkliche „Veränderung", d. h. ein Umbau, Eingriffe in die Funktion oder in eine Schutzeinrichtung, ist somit im Sinne dieser Norm mehr als eine *Änderung*. Wer eine solche „Veränderung" durchführt, wird damit zum Hersteller des betroffenen Gerätes (F 4.11) und hat Prüfungen nach den für das Herstellen des betreffenden Gerätes geltenden Normen [3.23] vorzunehmen.

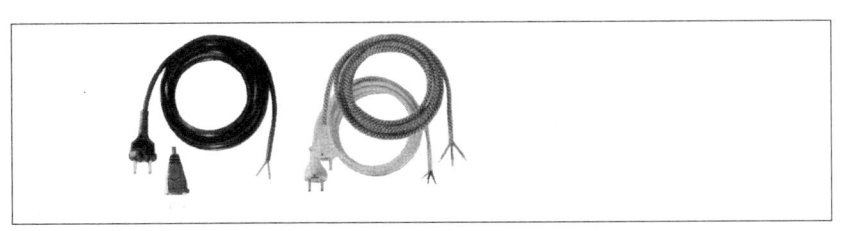

Bild 5.2   Beispiel für konfektionierte Anschlussleitungen (Bachmann)

Frage 5.2 Was wird unter Wiederholungsprüfung verstanden?

Wiederholungsprüfung ist die allgemein übliche Bezeichnung für eine Prüfung, die in bestimmten, von der verantwortlichen Elektrofachkraft des betreffenden Unternehmens festgelegten Zeitabständen, regelmäßig durchgeführt wird. Ablauf und Inhalt der Prüfung sind in der Norm DIN VDE 0702 „Wiederholungsprüfungen an elektrischen Geräten" [3.41] festgelegt und müssen von der verantwortlichen Fachkraft den jeweiligen Gegebenheiten angepasst werden (F 3.8).

Frage 5.3 Sind auch Kontrollen des Nutzers vor der Anwendung eines Gerätes und monatliche Begehungen durch Vorgesetzte als Wiederholungsprüfungen anzusehen?

Keinesfalls. Diese Kontrollen eines Nichtfachmanns können sich nur auf eine mehr oder weniger sachkundige Besichtigung beschränken. Wenn dabei Schäden entdeckt oder als möglich angesehen werden, so muss dies dann der Anlass für eine vorfristige Wiederholungsprüfung oder Instandsetzung sein. Innerbetrieblich können natürlich auch für diese „Prüfungen" durch Nichtfachleute Regeln aufgestellt und allen Mitarbeitern vorgegeben werden.

Frage 5.4 Gehört der Nachweis der einwandfreien Funktion des Gerätes mit zur Prüfung?

Selbstverständlich ist der Prüfer gegenüber seinem Auftraggeber verpflichtet, das ihm übergebene Gerät in einem ordnungsgemäßen Zustand zurückzugeben. Um dies nachzuweisen, ist nach einer Instandsetzung die Prüfung der Funktion des Gerätes unbedingt erforderlich. Aber auch zum Abschluss der Wiederholungsprüfung sollte sie in einem ausreichenden Umfang erfolgen, um eventuelle durch die Prüfung entstandene Fehler zu ermitteln. Hinzu kommt, dass letztendlich auch die Funktionsprüfung Teil der Sicherheitsprüfung ist. Mit ihr wird festgestellt, ob das Umsetzen der Elektroenergie in Bewegung, Wärme oder Strahlung ordnungsgemäß und ohne Gefährdung verläuft. Welchen Umfang diese Funktionsprüfung des Gerätes haben muss, kann nur von der prüfenden Fachkraft überblickt werden.

Frage 5.5 Wer trägt die Verantwortung für die Sicherheit eines geänderten Gerätes?

Zunächst einmal der Hersteller. Wenn eine *Änderung* im oben genannten Sinn erfolgt (F 5.1), bleibt der Sollzustand des Gerätes erhalten, den sein Hersteller nach wie vor zu verantworten hat.

Gemäß den Festlegungen des Gerätesicherheitsgesetzes ist der Hersteller bzw. der Importeur (Abschnitt 3) für die Sicherheit seines Gerätes verantwortlich. Diese Verantwortung bleibt erhalten, wenn das Gerät nach den Vorgaben der Gebrauchsanleitung betrieben und die dort angegebenen Wartungsmaßnahmen durchgeführt wurden. Dies ist ebenso der Fall, wenn ein Defekt unter Anwendung von Originalteilen fachgerecht behoben wurde. Wird jedoch ein Originalteil verändert oder gegen ein anderes Teil ausgetauscht, so erfolgt ein Umbau, durch den möglicherweise die *Kennwerte* des Gerätes betroffen oder die der Sicherheit dienenden Maßnahmen/Einrichtungen beeinflusst werden. Es entsteht damit praktisch ein neues Gerät, für dessen Funktion und Sicherheit der ursprüngliche Hersteller sicherlich jede Zuständigkeit ablehnt. Die verantwortliche Fachkraft hat dann zu gewährleisten, dass die gleiche oder eine höhere Sicherheit vorhanden ist. Dieses „neue" Gerät muss den Festlegungen des Gerätesicherheitsgesetzes und der Gerätenorm [3.24] entsprechen.

Prüffristen der Wiederholungsprüfung

Die Festlegung in BGV A2 und GUV 2.10, Betriebsmittel
„... in bestimmten Zeitabständen"
hinsichtlich ihres ordnungsgemäßen Zustandes zu prüfen, überträgt dem Unternehmer und damit der verantwortlichen Elektrofachkraft die Pflicht, über den Zeitpunkt der Wiederholungsprüfung zu entscheiden. Dies wird bekräftigt in dem es weiter heißt
„Die Fristen sind so bemessen, dass entstehende Mängel mit denen gerechnet werden muss, rechtzeitig festgestellt werden".

Wer dies umsetzen will, muss die Prüffristen den jeweiligen Umständen anpassen. Die sowohl in den alten als auch in den neuen Bundesländern allgemein bekannte und praktizierte Regel, alle 6 Monate zu prüfen, hat Ihren Ursprung wohl in der Durchführungsanweisung der VBG 4 und in dem TGL-Standardwerk der DDR. Sie kann aber nur ein Richtwert sein. Eine für alle Fälle verbindliche Vorgabe würde den Verantwortungsspielraum der Elektrofachkraft unzulässig einengen und damit gefährliche Zustände sowie unnötige Kosten verursachen.
Natürlich kann in speziellen Fällen, z. B. in einem Betrieb, für eine Baustelle oder im Wirkungsbereich der Sachversicherer, durch den Verantwortungsträger eine dementsprechende Festlegung erfolgen.

Tafel 5.1 Vorschlag für die Prüffristen ortsveränderlicher Geräte[1]

Einsatzort Vorschlag	Nutzungs-häufigkeit	besondere Beanspruchung mech.	Umwelt	Qualifikation des Nutzers	Vorschlag Prüffrist (Monate)
Wohnung, Büro	gering	keine	keine	Durchschnitt	24...36
ähnl. Innenräume	hoch	keine	keine	Durchschnitt	12...24
Innenräume von Werkstatt, Labor, Gewerbe	mittel	keine	trocken	Durchschnitt	6...12
	hoch	gering	feucht	Durchschnitt	6
		mittel	feucht, geringe Einwirkung von Staub, Öl	Durchschnitt	3...6
Landwirtschaft Industrie Montage					
Innenräume und Außenbereiche der Industrie Montage Baustellen Landwirtschaft	gering	gering	Nässe, starke Einwirkung	Durchschnitt	3
	hoch	hoch	von Staub, Öl, Säuren,	gering	<3
	sehr hoch		Korrosion,	Durchschnitt	<3
			leitende Stäube	sehr gering	täglich [2]

Anmerkung:
Die Vorschläge gelten unter der Annahme, dass die Geräte bestimmungsgemäß eingesetzt und nicht durch unsachgemäße Handlungen beansprucht werden.
1) hierzu siehe auch F. 5.7 und [5.7]
2) als Sichtkontrolle mit Entscheidung über weitere Prüfungen bzw. die Aussonderung

Zu beachten sind beim Festlegen der Prüffristen
- Umgebungseinflüsse am Einsatzort,
- Nutzungshäufigkeit,
- Möglichkeit der Beschädigung durch mechanische Einwirkungen der am Einsatzort üblichen Maschinen, Werkzeuge und Werkstoffe,
- Qualifikation der Nutzer und der am Einsatzort Verantwortlichen,
- Möglichkeit von Zwischenkontrollen durch eine Elektrofachkraft.

Tafel 5.1 enthält Hinweise für das Festlegen der Prüffristen.

Frage 5.6 Durch wen und zu welchem Zeitpunkt ist die Prüffrist eines neuen Gerätes festzulegen?

Im Zusammenhang mit der Erstprüfung eines neu angeschafften Gerätes sollten von einer Elektrofachkraft alle notwendigen organisatorischen Festlegungen getroffen werden (Abschnitt 8). Hierzu gehören auch das Festlegen des zulässigen Einsatzbereiches (Tafel 4.8) und der dementsprechenden Prüffrist (Tafel 5.1).

Frage 5.7 Ist eine Anpassung der Prüffristen an die jeweiligen Gegebenheiten erforderlich?

Dies ist in Abhängigkeit von den Betriebs- und Schadenserfahrungen zu empfehlen. Werden z. B. die Einsatzbedingungen oder andere Beanspruchungen grundsätzlich verändert, so sind die Prüffristen den neuen Gegebenheiten anzupassen. Eine Veränderung ist erforderlich, wenn die Prüfergebnisse zeigen, dass
Mängel, mit denen zu rechnen ist, nicht rechtzeitig festgestellt wurden.

Sinnvoll ist auch,
– die Prüffrist zu verkürzen, wenn mehr als 2 % der von einem bestimmten Einsatzort angelieferten Geräte einen Fehler aufweisen [5.7], bzw.
– die Prüffrist zu verlängern, wenn keine oder nur geringfügige Fehler ermittelt wurden.

Werden Schäden festgestellt, die zu einer unmittelbaren Gefahr für den Benutzer führen können, z. B. Schutzleiterbruch, Berührbarkeit aktiver Teile, fehlende oder defekte Schutzkörbe, so genügt es nicht, nur die Prüffrist zu verkürzen. Hier ist zu klären, wodurch der Schaden entstand, warum keine rechtzeitige Aussonderung des Gerätes erfolgt ist und ob seine Zuordnung zu den vorliegenden Einsatzbedingungen verändert werden sollte.
Ebenso darf die Prüffrist nicht unbesehen verlängert werden, wenn zwar nur wenige (< 2%) aber ernsthafte Mängel festgestellt werden.

Frage 5.8 Wer ist für das Einhalten bzw. Durchsetzen der Prüffristen verantwortlich?

Jeder betriebliche Vorgesetzte ist entsprechend seiner Führungsverantwortung zum Umsetzen der BGV A2 bzw. GUV 2.10 in seinem Bereich verpflichtet (F 3.3). Es ist somit auch seine Aufgabe, die betrieblichen Festlegungen zur Prüfung der ortsveränderlichen Geräte seines Bereiches durchzusetzen. Diese Verantwortung wird auch dann nicht eingeschränkt, wenn

andere Betriebsabteilungen die ihr zugeordneten Arbeiten, z. B. das rechtzeitige Erscheinen zur vereinbarten Prüfung, nicht ordnungsgemäß wahrnehmen.
Es ist aber auch Teil der Fachverantwortung der verantwortlichen Elektrofachkraft,
- alle Möglichkeiten zur termingerechten Durchführung der Prüfung zu schaffen,
- die Prüffristen festzulegen und über nötige Veränderungen zu entscheiden (F 5.7),
- das termingerechte Bereitstellen der Geräte von den Leitern der Betriebsabteilungen zu fordern und gegebenenfalls durchzusetzen.

Frage 5.9 Wie ist zu verfahren, wenn Geräte längere Zeit nicht genutzt werden?

Dies ist in Abhängigkeit vom Aufbewahrungsort zu entscheiden. Befindet sich ein Gerät in einem Lager unter ständiger Aufsicht, so kann auf das Durchführen der Wiederholungsprüfung verzichtet werden. Wird dies Gerät dann ausgegeben, so ist eine fällige Wiederholungsprüfung nachzuholen.
Für Geräte, die beim Anwender unter vielleicht schlechten Bedingungen gelagert und dann bei Bedarf genutzt werden, gilt diese Verfahrensweise nicht. Sie sind termingemäß der Wiederholungsprüfung zuzuführen. Anderenfalls würde die aktuelle Situation sicherlich dazu führen, dass Geräte mit überfälligen Terminen, dann doch zur Anwendung kommen.

Frage 5.10 Wie sollte das Einhalten der Prüffristen kontrolliert werden?

Dies ist auf folgende Weise möglich und erforderlich:
- konsequente Verwendung einer Prüfmarke o. ä. (Bild 10.4, Anhang 2),
- Kontrolle des Gerätes und der Prüfmarke durch den Nutzer vor jeder Anwendung,
- konsequentes Einhalten der Termine durch den jeweiligen Vorgesetzten,
- Kontrolle der termingemäßen Anlieferung/Bereitstellung durch die Elektrofachkraft anhand einer Terminkarte, eines PC-Kontrollprogramms o. ä.

Frage 5.11 Gibt es Vorgaben für die Prüffristen der Geräte, die sich im Besitz von Privatpersonen befinden?

Nein, ebensowenig wie eine zwingende Regelung für die Prüfpflicht (F 3.4). Es bleibt nur die Möglichkeit, bei jeder Gelegenheit immer wieder auf die durch regelmäßige Prüfungen zu erreichende Sicherheit hinzuweisen. Zu bedenken wäre, eine gezielte Information der Bürger des Einzugsbereiches als

Aufgabe des eigenen Kundendienstes anzusehen (Anhang 4). Anders ist es bei Privatleuten mit Hausangestellten, ebenso bei kleinen Privatbetrieben, beginnend beim „Tante-Emma-Laden" über die Arztpraxis bis zum Gewerbebetrieb, der keine eigene Elektrofachkraft beschäftigt. Der jeweilige Arbeitgeber hat seine Angestellten gemäß Reichsversicherungsordnung bei einem Unfallversicherungsträger einer Berufsgenossenschaft, den Gemeindeunfallversicherungsverbänden oder der Landesunfallkasse zu versichern. Demzufolge ergibt sich auch für ihn die Prüfpflicht aus BGV A2 oder GUV 2.10. Der jeweilige Arbeitgeber, in den genannten Fällen also die Privatperson, muss eine Elektrofachkraft mit dem Wahrnehmen der Prüfung und damit dem Festlegen der Prüffristen beauftragen. Wie die Praxis zeigt, fehlt es oft nur an einer nachdrücklichen Information.

Frage 5.12 Sind bei der Prüfung Geräte zu beanstanden, die nach den aktuellen Normen nicht mehr hergestellt werden?

Früher übliche, und nach den damaligen Normen ordnungsgemäß hergestellte Geräte dürfen auch weiterhin verwendet werden (**Bild 5.3**), es gilt hier der so genannte *Bestandsschutz*. Gegebenenfalls erfolgt weiterhin die Produktion von Ersatzteilen. Insofern ist die Sicherheit des betreffenden Gerätes noch als ausreichend anzusehen. Trotzdem ist es sinnvoll, dem jeweiligen Anwender die Gründe zu nennen, die zur Normenänderung führten und ihm ein Grund für das Aussondern des Gerätes sein sollten.

Geräte der Schutzklasse 0, die früher auch den Normen entsprechend hergestellt wurden, fallen hingegen nicht unter den Bestandsschutz. Sie wurden nur für die Anwendung in den inzwischen nicht mehr allgemein vorhandenen isolierenden Räumen produziert (F 4.10).

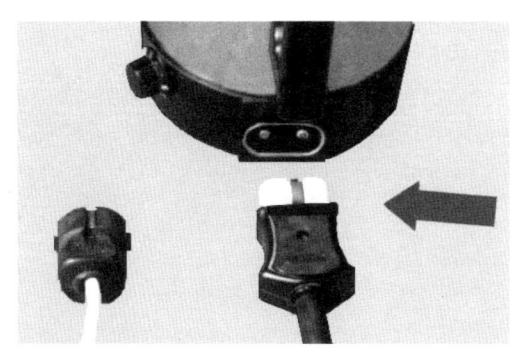

Bild 5.3 *Beispiel für eine Geräte-/Steckverbinderart, die wegen ungenügender Zuverlässigkeit nicht mehr oder nur noch als Ersatzteil hergestellt wird und nicht mehr verwendet werden sollte*

Frage 5.13 Sind auch Baustromverteiler nach den Normen DIN VDE 0702 zu prüfen?

Da es für die nach DIN VDE 0660 Teil 501 hergestellten Baustromverteiler keine spezielle Prüfnorm gibt, sind sie mit der Anlage nach DIN VDE 0105 Teil 100 oder als einzelne Betriebsmittel/Geräte nach DIN VDE 0702 der Wiederholungsprüfung zu unterziehen. Ergänzend zu den Vorgaben dieser beiden Normen sind dabei zu prüfen

Besichtigen:
- ordnungsgemäßer Zustand des Verteilers und seiner Teile entsprechend den Vorgaben nach DIN VDE 0660 Teil 501
- Ordnungsgemäßer Zustand der Erdungsmöglichkeit, Vorhandensein des Zubehörs für die Erdung
- ordnungsgemäßer Zustand der Isolierungen im Anschlussteil

Messen/Erproben:
- Funktion der Schutzeinrichtungen für die anzuschließenden Verbrauchsmittel.

Frage 5.14 Sind Verlängerungsleitungen als Geräte anzusehen und nach DIN VDE 0702 zu prüfen?

Es ist unerheblich, ob Verlängerungsleitungen, Mehrfachtischsteckdosen mit ihrer Anschlussleitung und ähnliche Betriebsmittel der Kategorie „Geräte" zugeordnet werden können oder nicht. Wesentlich ist lediglich, dass auch sie regelmäßig geprüft werden und so für die Sicherheit ihrer Benutzer gesorgt wird. Mit den in Bild 7.7 a und d (Anhang 2) dargestellten Prüfmitteln ist diese Prüfung möglich. Über die Vorgaben von DIN VDE 0702 hinaus werden dabei zumeist der Durchgang aller Adern sowie bei mehradrigen Systemen die Drehfeldrichtung kontrolliert.

6 Durchführen der Prüfung – Besichtigen, Erproben, Messen

Durch das Prüfen eines Gerätes ist der Nachweis zu führen [1.2], dass
- alle der Sicherheit dienenden Maßnahmen in dem vorgesehenen Umfang wirksam sind (*Sicherheitsprüfung*) und
- die Funktion ordnungsgemäß erbracht wird (**Funktionsprüfung**).

Für die Funktionsprüfung bestehen keine bindenden Vorgaben. Der Prüfer hat selbst zu entscheiden, ob und inwieweit er die Arbeitsweise des Gerätes durch Messungen, Lastproben o. ä. kontrolliert. Für die Sicherheitsprüfung werden in den DIN-VDE-Normen bestimmte *Prüfgänge* vorgeschrieben. Zu beachten ist, dass es sich dabei um **Mindestforderungen** handelt. Es ist außerdem zu unterscheiden zwischen
- **allgemeinen Vorgaben** (DIN VDE 0701 Teil 1 [3.25] und DIN VDE 0702 [3.41]), die für alle Geräte gelten, und
- **zusätzlichen Vorgaben**, die nur bei der Prüfung nach der Instandsetzung bestimmter Gerätearten [3.27] bis [3.39] bestehen.

Für einige Gerätearten (z. B. Medizintechnik [5.14], Bergbau unter Tage) gelten gesonderte Normen. Zu klären ist auch, ob es sich bei dem vorgestellten Prüfling möglicherweise um eine Industriemaschine nach DIN VDE 0113 handelt. Die Dokumentation gibt darüber Auskunft. Für diese Geräte gelten besondere Prüfvorgaben [3.56], es sind dafür auch spezielle Prüfgeräte verfügbar.
Ob darüber hinaus zum Nachweis der *Sicherheit* (Tafel 4.1) weitere Einzelprüfungen erforderlich sind, hat die verantwortliche Elektrofachkraft zu entscheiden. In den folgenden Abschnitten werden der Prüfablauf und die in **Tafel 6.1** aufgeführten Einzelprüfungen erläutert.

Die im Anhang 6 aufgeführten in DIN VDE 0702 zu erwartenden Änderungen [3.26] [3.41] der Prüfmethode zum Nachweis des Isoliervermögens und der Grenzwerte können durchaus bereits berücksichtigt werden. Sie wirken alle im Sinne einer höheren Sicherheit.

Für einige spezielle Gerätearten werden in den Teilen 2 bis 240 von DIN VDE 0701 – ergänzend zu dem in Tafel 6.1 dargestellten Prüfablauf – spezielle Prüfungen gefordert; sie sind in Tafel 6.6 aufgeführt.

Tafel 6.1   Prüfprogramme nach DIN VDE 0701/0702 für ortsveränderliche Geräte

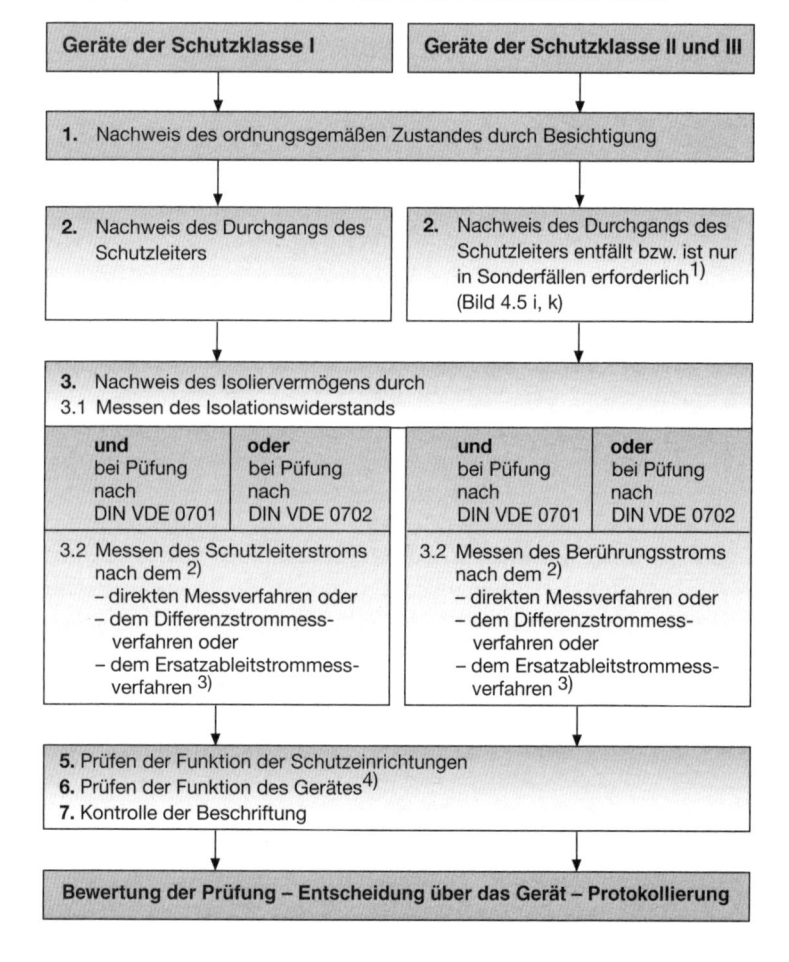

Geräte der Schutzklasse I	Geräte der Schutzklasse II und III

1. Nachweis des ordnungsgemäßen Zustandes durch Besichtigung

2. Nachweis des Durchgangs des Schutzleiters	2. Nachweis des Durchgangs des Schutzleiters entfällt bzw. ist nur in Sonderfällen erforderlich[1] (Bild 4.5 i, k)

3. Nachweis des Isoliervermögens durch
3.1 Messen des Isolationswiderstands

und bei Püfung nach DIN VDE 0701	oder bei Püfung nach DIN VDE 0702	und bei Püfung nach DIN VDE 0701	oder bei Püfung nach DIN VDE 0702
3.2 Messen des Schutzleiterstroms nach dem [2] – direkten Messverfahren oder – dem Differenzstrommessverfahren oder – dem Ersatzableitstrommessverfahren [3]		3.2 Messen des Berührungsstroms nach dem [2] – direkten Messverfahren oder – dem Differenzstrommessverfahren oder – dem Ersatzableitstrommessverfahren [3]	

5. Prüfen der Funktion der Schutzeinrichtungen
6. Prüfen der Funktion des Gerätes[4]
7. Kontrolle der Beschriftung

Bewertung der Prüfung – Entscheidung über das Gerät – Protokollierung

1) Sonderfälle bei Geräten der Schutzklasse II (Bild 4.5 i, k)
2) Zu beachten sind die im folgenden Text angeführten Besonderheiten der Messverfahren sowie die zugehörigen Anwendungshinweise
3) Dieses Messverfahren darf nur angewandt werden, wenn zuvor die Messung des Isolationswiderstands mit positivem Ergebnis durchgeführt wurde
4) Diese Prüfungen sind nicht Gegenstand der Normen. Sie gehören jedoch zum Prüfumfang und sind durchzuführen, soweit sie zum Nachweis der Sicherheit oder zur Demonstration gegenüber dem Kunden erforderlich sind.

6.1 Ablauf und Umfang der Prüfung

Zunächst ist durch **Besichtigen** festzustellen, ob der Zustand des Prüflings eine ordnungsgemäße und sichere Prüfung ermöglicht. Zeigen sich offensichtliche Schäden, Verunreinigungen, fehlende Teile und ähnliche Mängel, so darf die Prüfung nicht beginnen. Das Gerät ist der Instandsetzung zuzuführen oder auf andere Weise in einen Zustand zu versetzen, der eine sichere Prüfung ermöglicht und ihren positiven Ausgang wahrscheinlich werden lässt.

Um das Prüfprogramm (Tafel 6.1) in seinen Einzelheiten festlegen zu können, ist dann festzustellen,
- welche Schutzklasse das Gerät aufweist (F 4.8 und F 4.9),
- ob Vorgaben aus ergänzenden Teilen von DIN VDE 0701 [3.25] usw. zu berücksichtigen sind, wenn es um Prüfung nach Instandsetzung geht (Tafeln 4.3, 6.3 und 6.6),
- ob die Gebrauchsanleitung des Gerätes Vorgaben enthält,
- ob der Prüfer weitere Prüfungen als notwendig ansieht.

Dementsprechend ergeben sich dann
- die Grenzwerte bei den einzelnen Messungen,
- die Notwendigkeit spezieller Prüfgeräte und eines Prüfplatzes (F 9.3),
- eventuelle besondere Maßnahmen der Arbeitssicherheit (F 9.5).

Danach wird mit der Prüfung der Schutzleiterverbindungen kontrolliert, ob bei Geräten der Schutzklasse I die Schutzmaßnahme des Fehlerschutzes ordnungsgemäß wirksam werden kann, wenn ein Isolationsfehler (Körperschluss) auftritt.
Für den dann folgenden Nachweis des Isoliervermögens stehen die zwei nachfolgend erläuterten Prüfmethoden mit **unterschiedlicher Wirkungsweise und unterschiedlicher Prüfaussage** zur Verfügung:

- Durch das **Messen des Isolationswiderstands** mit der Messspannung 500 V DC (Messung des ohmschen Widerstands) wird der Zustand der Isolierungen kontrolliert.
  Eine konkrete Aussage über die Sicherheit des Benutzers bzw. seine Gefährdung durch Ableitströme ist nur eingeschränkt möglich.
- Durch das **Messen des Ableitstroms** mit der Messspannung 230 V AC (Netznennspannung) wird festgestellt, ob der über die Isolierungen und etwaige Beschaltungen fließende Ableit-(Fehler-)strom zu einer Gefährdung des Benutzers führen kann (s. Bild 6.8) oder ob eine ausreichende Sicherheit gegeben ist.

Eine Aussage über den Zustand der Isolierungen ist nur eingeschränkt möglich.

Betrachtet man die dargestellten Unterschiede beider Methoden so wird verständlich, dass bei jeder Prüfung möglichst beide Messungen erfolgen sollten. Nur dann wird eine umfassende Aussage über den Prüfling, d. h. über
- seinen momentanen Zustand bzw. die von ihm gewährleistete Sicherheit (Höhe des Ableitstroms) und
- die Beständigkeit und Zuverlässigkeit seiner Teile (ohmscher Widerstand der Isolierungen, Beschaltungen)

möglich.

Dass es bei der Wiederholungsprüfung gestattet wird, die eine oder die andere Methode anzuwenden ist ein Zugeständnis, das sicherlich nicht ewig Bestand haben wird. Die Gründe für diese „Vereinfachung" sind:
- Viele der z. Z. im Gebrauch befindlichen Prüfgeräte verfügen nicht über die Möglichkeit zum Messen des Schutzleiter- bzw. Berührungsstroms mit Netzspannung.
- Das Messen des Isolationswiderstands
  · gestattet eine einfache schnell zu erledigende Prüfung
  · kann mit einer sicher vom Netz getrennten Messspannung vorgenommen werden (Arbeitssicherheit!)
  · gestattet das Anwenden besonders kleiner, leichter und einfach zu bedienender Prüfgeräte.

Somit wird der Prüfaufwand gering gehalten, zumal gerade diese Geräte besonders für Wiederholungsprüfungen durch unterwiesene Personen geeignet sind.

Dieser Kompromiss soll auch helfen, kostenbedingte Vorbehalte abzubauen, so dass es für Elektrofachkräfte leichter wird, die Betreiber von elektrischen Geräten von der Notwendigkeit der Wiederholungsprüfung zu überzeugen.

Weiterhin ist bei der Vorbereitung, Durchführung und Bewertung der Prüfung zu beachten:

1. Bei einigen Gerätearten ist
- das Messen des Isolationswiderstands und
- das Messen des Ableitstroms mit dem Verfahren der Ersatz-Ableitstrommessung

nicht möglich, da elektrisch zu betätigende Schalteinrichtungen das Einbeziehen einiger aktiver Teile in die Prüfung verhindern.

In anderen Fällen besteht die Möglichkeit, dass elektronische Bauelemente durch die Prüfspannung (500 V DC) beschädigt werden. In diesen Fällen

UNITEST®

BEHA
...für messbaren Erfolg!

BEHA – Ihr Partner für Messtechnik

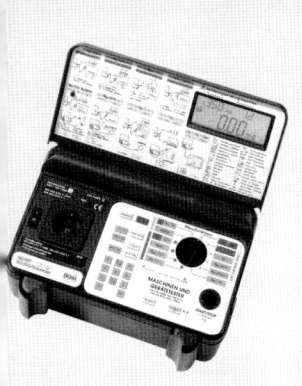

Installationstester nach
DIN VDE 0100/0105

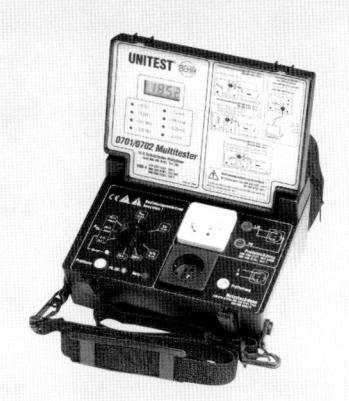

Gerätetester nach
DIN VDE 0701/0702/BGV A2

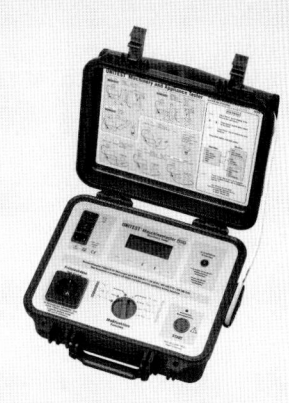

Maschinentester nach
DIN VDE 0113/EN 60204

Bitte fordern Sie kostenlos Unterlagen zu folgenden Themen an

- Mess-Seminare nach DIN VDE 0100/0105, 0113/EN 60204, 0701/0702, BGV A2 (VBG 4)
- Gesamtkatalog für Mess- und Prüfgeräte
- BEHA's kleine Messfibel

CH. BEHA GmbH
In den Engematten 14 · 79286 Glottertal
Tel.: +49 (0) 76 84 / 80 09 - 0
Fax: +49 (0) 76 84 / 80 09 - 410
e-mail: info@beha.de · www.beha.com

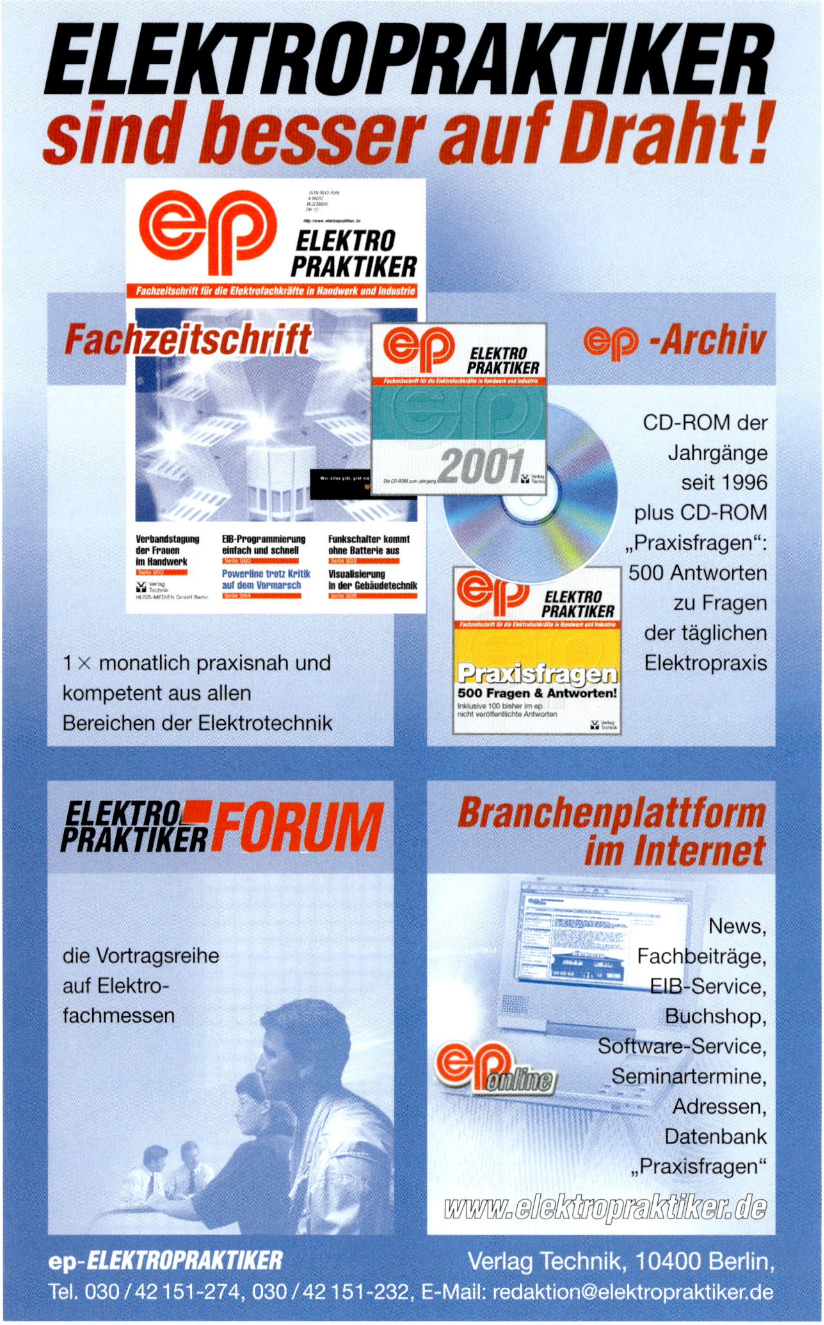

ELEKTROPRAKTIKER
sind besser auf Draht!

Fachzeitschrift

1 × monatlich praxisnah und kompetent aus allen Bereichen der Elektrotechnik

ep -Archiv

CD-ROM der Jahrgänge seit 1996 plus CD-ROM „Praxisfragen": 500 Antworten zu Fragen der täglichen Elektropraxis

ELEKTROPRAKTIKER FORUM

die Vortragsreihe auf Elektrofachmessen

Branchenplattform im Internet

News,
Fachbeiträge,
EIB-Service,
Buchshop,
Software-Service,
Seminartermine,
Adressen,
Datenbank
„Praxisfragen"

www.elektropraktiker.de

ep-ELEKTROPRAKTIKER
Tel. 030 / 42 151-274, 030 / 42 151-232, E-Mail: redaktion@elektropraktiker.de

Verlag Technik, 10400 Berlin,

muss der Nachweis des Isoliervermögens allein durch die direkte oder die Differenzstrommessung des Schutzleiter- bzw. Berührungsstrommessung erfolgen.

2. Mit dem Nachweis des Isoliervermögens erfolgt die Bestätigung, dass
- bei Geräten der Schutzklasse I der Basisschutz und
- bei Geräten der Schutzklasse II der Basis- **und** der Fehlerschutz

durch die Isolierungen des Geräts gewährleistet sind. Das heißt, wird durch die Prüfung ein etwa vorhandenen Isolationsfehler nicht gefunden, so ist im Falle einer Berührung
- bei Geräten der Schutzklasse I noch der Fehlerschutz wirksam
- während bei Geräten der Schutzklasse II unmittelbar die Gefahr einer Durchströmung besteht.

Frage 6.1 Müssen bei einer Wiederholungsprüfung alle Prüfgänge der jeweiligen Norm durchgeführt werden?

Grundsätzlich ja. Wenn über den Zustand des Gerätes und über das Vorhandensein der Sicherheitskennwerte eine Aussage getroffen werden soll, so ist dies nur aufgrund einer vollständigen Prüfung möglich. Wird einer der in der Norm vorgegebenen Prüfgänge nicht durchgeführt, so kann der Prüfer kein umfassendes Urteil abgeben. Möglich ist, andere als die Prüfverfahren der Norm anzuwenden (F 3.8), wenn der Prüfer auf diese Weise eine gleichwertige Aussage über den Zustand des Gerätes erhält. Denkbar ist auch, dass die verantwortliche Elektrofachkraft aus gegebenem Anlaß (F 6.2) nur einzelne Prüfgänge fordert. Werden Geräte gemeinsam mit dem Stromkreis der Installationsanlage geprüft, so kann dies auch nach den Vorgaben von DIN VDE 0105 Teil 100 erfolgen [3.8].

Frage 6.2 Welche Prüfgänge müssen bei außerplanmäßigen Prüfungen vorgenommen werden?

Will eine Elektrofachkraft den Zustand eines Gerätes ermitteln, so kann sie selbst entscheiden, welche Prüfungen erforderlich sind. Wenn z. B. bei einem Rundgang auf einer Baustelle unbekannte oder unsachgemäß gelagerte Geräte aufgefunden werden, so wird der Fachkraft möglicherweise eine Besichtigung genügen, um die Geräte zur weiteren Benutzung freizugeben oder aber einer Instandsetzung mit nachfolgender Prüfung zuzuführen. Ebenso wird es bei der Rücknahme ausgeliehener Geräte nicht immer erforderlich sein, das gesamte Prüfprogramm durchzuführen.

Frage 6.3 Sind zum Nachweis der Sicherheit auch andere Prüfverfahren zulässig, als in den jeweiligen Normen vorgegeben werden?

Im Prinzip ja. Entscheidend ist ein eindeutiger und aussagefähiger Nachweis der Sicherheit des Gerätes. Wird ein Mangel nicht gefunden und bleibt somit eine Gefährdung bestehen, so wurde schlecht geprüft, unabhängig von dem angewandten Prüfverfahren. Ebenso umgekehrt. Wenn alle Mängel entdeckt worden sind, keine Gefährdung mehr vorhanden ist, das Gerät also die erforderliche Sicherheit aufweist, dann könnte es eigentlich gleichgültig sein, mit welchem Prüfverfahren der Prüfer gearbeitet hat.

Nun sind die angegebenen Prüfverfahren aber hinreichend erprobt und kommen in den handelsüblichen Prüfgeräten zur Anwendung. Es besteht somit wohl nur selten eine Veranlassung, andere Verfahren anzuwenden.

Frage 6.4 Müssen die Prüfungen in der angegebenen Reihenfolge vorgenommen werden?

Ja, dafür sprechen folgende Gründe:
– Erfolgt die Funktionsprüfung vor den *Sicherheitsprüfungen*, so kann z. B. durch Schutzleiterdefekte eine Gefährdung für den Prüfer entstehen.
– Wird eine fehlerhafte Schutzleiterverbindung erst nach der Messung des Isolationswiderstandes oder Schutzleiterstromes entdeckt, so sind die erzielten Messergebnisse möglicherweise falsch.

Frage 6.5 Wie ist zu verfahren, wenn ein Gerät der Schutzklasse 0 geprüft werden soll?

Ein Gerät der Schutzklasse 0 (F 4.10) entspricht nicht dem Gerätesicherheitsgesetz [2.1] und darf im Bereich der EU nicht in den Verkehr gebracht werden. Das Anwenden im gewerblichen Bereich wird außerdem durch BGV A2 [1.2] ausgeschlossen bzw. ist ein Sonderfall (Bild 4.7).

Somit kann ein solches Gerät nur
– aus der Produktion früherer Jahre stammen und sich noch im Besitz von Privatpersonen befinden,
– durch Privatpersonen oder widerrechtlich durch Händler aus dem Ausland eingeführt oder
– durch nichtfachkundige Händler der Flohmärkte, Antiquitäts- und „Zweite-Hand"-Läden verkauft worden sein.

Ein solches Gerät verfügt nur über den Schutz gegen direktes Berühren. Sein Einsatz war früher zulässig, wenn ein „isolierender Raum" (Bild 4.7) für den Schutz bei indirektem Berühren (Schutz im Fehlerfall) sorgte.

Eine Prüfung in dem vorliegenden Zustand ist abzulehnen. Der Kunde muss auf die mit diesem Gerät verbundene Gefährdung hingewiesen werden, und zwar möglichst schriftlich. Ihm ist ein Umbau zu empfehlen (F 4.11), wenn er auf das Gerät nicht verzichten will.
Soll in speziellen Fällen ein solches Gerät doch angewandt und daher geprüft werden, so sind
– eine Besichtigung und
– eine Messung des Isolationswiderstandes oder des Berührungsstromes vorzunehmen.

Frage 6.6 Gehört das Reinigen der Geräte mit zur Prüfung?

Nein. Allerdings muss der Prüfer vor Beginn der Prüfung entscheiden, ob die Reinigung Voraussetzung für die Prüfung und damit für die Möglichkeit einer positiven Beurteilung des Gerätes ist. Werden Geräte geprüft, die aus staubigen, landwirtschaftlichen und ähnlichen Betriebsstätten kommen, so sollte von vornherein mit dem Auftraggeber eine Reinigung vor der Prüfung vereinbart werden.

Zu bedenken ist allerdings, dass die Prüfung eines soeben vom Einsatzort geholten Geräts auch Aufschluss geben kann über
– durch Verschmutzung/Feuchte entstehende oder wirksam werdende Schwachstellen
– die im betriebsmäßigen Zustand noch vorhandene Sicherheit
– unsachgemäßen Einsatz durch den Betreiber.

Frage 6.7 Muss das zu prüfende Gerät von der elektrischen Anlage getrennt werden?

Wegen der Sicherheit für den Prüfenden ist dies grundsätzlich zu fordern. Bei fest angeschlossenen Geräten sind Außenleiter **und** Neutralleiter **und** Schutzleiter aufzutrennen (**Bild 6.1**).
Bei bestimmten Prüfverfahren, z. B. beim Messen des Schutzleiter- oder des Berührungsstromes, ist die Netzverbindung allerdings erforderlich. In diesen Fällen ist besonders darauf zu achten, dass die Prüfgänge
– Besichtigen und
– Schutzleiterprüfung
vor der Strommessung, d. h. vor dem Anschluss an das Netz, durchgeführt werden, um etwaige Gefahren zu erkennen und auszuschließen.

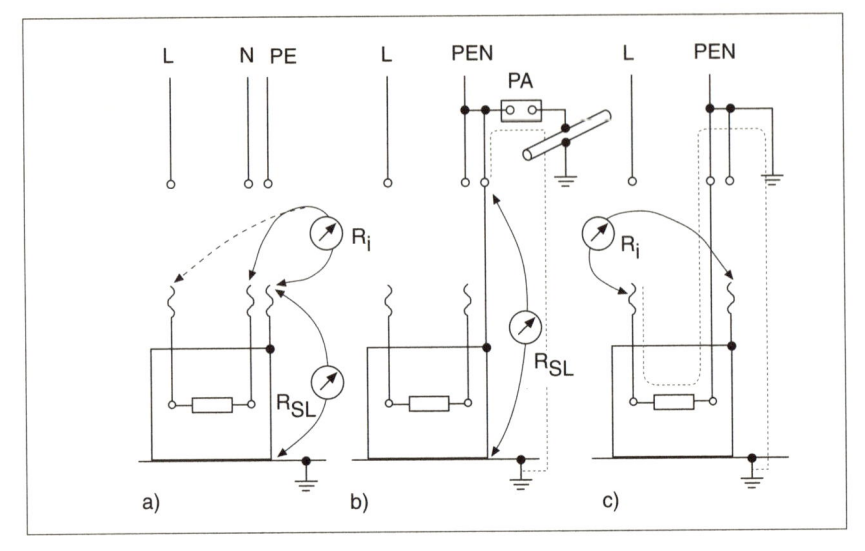

Bild 6.1 Mögliche Messfehler bei der Prüfung fest angeschlossener Geräte, wenn diese nicht vom Netz getrennt wurden

    a) völlige Trennung, Messung ordnungsgemäß und für den Prüfer gefahrlos
    b) Schutzleiter nicht aufgetrennt, Fehlmessung bei der Schutzleitermessung durch Erdkontakt des Gerätekörpers
    c) Neutralleiter nicht aufgetrennt, Fehlmessung bei der Messung des Isolationswiderstandes möglich

Frage 6.8 **Wie ist zu prüfen, wenn das Gerät aus betrieblichen Gründen nicht außer Betrieb gesetzt werden kann?**

In diesem Fall muss die Sichtprüfung die nicht durchführbaren Messungen soweit wie möglich ersetzen. Das heißt, der Prüfer muss die Zielstellung des Besichtigens sinnvoll erweitern.

Bei **Geräten der Schutzklasse I** ist der Durchgang des Schutzleiters zwischen dem Gerätekörper und dem Schutzleiterkontakt einer naheliegenden Steckdose festzustellen. Dabei ist das Gerät von einer leitenden Stellfläche möglichst galvanisch zu trennen. Besteht diese Möglichkeit nicht, so muss mit einer Fehlmessung gerechnet werden (Bild 6.1 b). Mit dieser Prüfung ergibt sich allerdings noch kein vollständiges Bild über den Zustand des Gerätes. Isolationsfehler werden nicht mit Sicherheit bemerkt, da weder die Isolationswiderstandsmessung noch die Messung des Schutzleiterstromes erfolgen können. Ebensowenig werden Ableitströme erkannt, die über den leitenden Standort oder Antennen-/Datenleitungen abfließen.

Bei **Geräten der Schutzklasse II** kann der Berührungsstrom ohne Behinderung gemessen werden (Bild 6.7), dies allerdings nur in der einen, gerade vorhandenen Steckerstellung. Diese Prüfungen belegen daher lediglich, dass z. Z. am Aufstellungsort keine unmittelbare Gefährdung besteht. **Sobald wie möglich, ist eine vollständige Prüfung vorzunehmen.**

Frage 6.9 Wie ist zu verfahren, wenn durch Schalter, Dimmer, Regler usw. mehrere Betriebszustände möglich sind?

Um das Isoliervermögen in vollem Umfang nachzuweisen, müssen alle aktiven Teile bzw. deren Isolierungen in die Prüfung einbezogen werden. Zu bedenken ist auch, dass das Bewegen dieser Bauteile Einfluss auf das Isoliervermögen haben kann. Somit ist es notwendig, die Prüfung in allen Betriebsstellungen der Schalter, Regler usw. vorzunehmen und dabei auf unterschiedliche Messwerte beim Isolationswiderstand oder Schutzleiterstrom als Merkmal eines Isolationsmangels zu achten (F 6.17) (F 6.21).

Frage 6.10 Ist auch die Wirksamkeit nichtelektrischer Schutzvorrichtungen zu prüfen?

Sicherheit ist unteilbar. Wird von einer Fachkraft ein geprüftes Gerät übergeben, so wird selbstverständlich von jedem Nutzer vorausgesetzt, dass es nun ohne Gefahr eingesetzt werden kann. Insofern muss die Elektrofachkraft **alle** sich aus der Funktion des Gerätes ergebenden Gefährdungen berücksichtigen und **alle** die Sicherheit betreffenden Einrichtungen des Gerätes mit in ihre Prüfung einbeziehen. Deutlich zu erkennen ist diese Notwendigkeit bei Geräten mit Schneidwerkzeugen. Als Grundlage der Prüfung dienen in diesen Fällen auch die Herstellernorm und die Dokumentation des betreffenden Gerätes.

6.2 Besichtigen

Das Besichtigen ist **immer** als erster Prüfgang durchzuführen. Es geht dabei um das **bewusste, kritische Betrachten** des Prüflings. Ziel ist es, zunächst alle äußerlich erkennbaren Mängel festzustellen. Ob bei einer Wiederholungsprüfung dann auch das Öffnen des Gerätes erforderlich ist, um ein sicheres Urteil abgeben zu können, muss der Prüfer entscheiden. Er sollte dabei bedenken, dass verminderte Luftstrecken, verzunderte oder gebrochene Isolierteile, lose Halterungen aktiver Teile, eingedrungene Fremdkörper und Schmutzteilchen usw. durch die dann folgenden Messungen möglicherweise nicht gefunden werden. Es bedarf einiger Prüferfahrungen, um allein auf der Grundlage des äußeren Erscheinungsbildes den Gesamtzu-

Tafel 6.2   Prüfprogramm Besichtigen

Erforderliche Prüfschritte/Prüfgegenstand
– Ist das Gehäuse unbeschädigt? Es dürfen keine die mechanische Festigkeit und die Schutzart beeinträchtigenden Veränderungen erfolgt sein.
– Befinden sich die Bedienelemente der Schalter, Stellglieder usw. in einwandfreiem Zustand?
– Sind alle Schutzabdeckungen und andere dem Schutz gegen direktes Berühren dienenden Teile vorhanden, sicher befestigt und ordnungsgemäß?
– Deutet der Zustand des Gerätes darauf hin, dass es unter Bedingungen verwendet wurde, die nicht den Vorgaben des Herstellers entsprechen? Sind Folgen eines unsachgemäßen Gebrauchs oder Eingriffs zu erkennen? Haben sie Auswirkungen auf die Sicherheit?
– Ist das Gerät verschmutzt? Ist Korrosion zu erkennen? Weist die Art der Verschmutzung/Korrosion auf einen unsachgemäßen Gebrauch hin? Werden dadurch die Sicherheit und/oder die Funktion beeinträchtigt?
– Ist die Schutzart überall gewährleistet? Wird das Eindringen der am Einsatzort vorhandenen Gegenstände sicher verhindert?   Beispiel: Messerklingen bei Küchengeräten, Schraubendreher bei Elektrowerkzeugen
– Sind die Schutzvorrichtungen gegen eine mechanische Gefährdung vorhanden?
– Weist das Gehäuse von Geräten der Schutzklasse II das Isoliervermögen beeinträchtigende Einwirkungen auf (Farben, Lacke, Aufschriften, Kratzer usw.)?
– Sind Beschädigungen oder Anzeichen einer Überlastung an der Anschlussleitung einschließlich der Steckvorrichtungen zu erkennen?
– Ist die Wirksamkeit der Zugentlastung und des Biegeschutzes ausreichend (*Handprobe*)?
– Sind die der Belüftung dienenden Öffnungen frei? Sind die vorgesehenen Luftfilter vorhanden, vom richtigen Typ und ordnungsgemäß eingesetzt?
– Sind Lampen, Sicherungen und/oder andere Schutzeinrichtungen (LS, FI, Luftstromschalter usw.) vorhanden, entsprechen sie den vorgegebenen Kennwerten?   **Klären:** Sollte man eine Funktionsprüfung vornehmen? Wenn ja, mit welchem Prüfgerät?
– Ist das Gerät betriebsmäßig für das Eintauchen in oder für die Aufnahme von Flüssigkeiten vorgesehen?   **Klären:** Sollten die Messungen unter Betriebsbedingungen vorgenommen werden?
– Sind die Aufschriften, Bedienhinweise und Symbole lesbar bzw. erkennbar?
Bei einer Prüfung nach Instandsetzung gilt zusätzlich
Klären: Handelt es sich um eine *Instandsetzung* im Sinne der Norm [3.25] oder um eine *Veränderung* des Gerätes?
– Enthält die Gebrauchsanleitung des Gerätes Vorgaben für eine Instandsetzung? Wurden diese eingehalten?
– Wurde die Instandsetzung/Änderung bzw. eine eventuelle Veränderung ordnungsgemäß vorgenommen?
– Handelt es sich bei ausgetauschten Teilen um Originalteile oder wurden die Sicherheitskennwerte der neuen Teile durch Prüfungen nachgewiesen?
– Hat die Instandsetzung/Änderung zu Veränderungen an den Kennwerten/Eigenschaften des Gerätes geführt? Wurden gegebenenfalls die Aufschriften und die Dokumentation geändert?

stand eines Gerätes beurteilen zu können. Selbstverständlich sind auch Gerüche und Geräusche, die auf Schäden hindeuten können, zu beachten und dann in die Entscheidung einzubeziehen.
Mit dem Besichtigen ist auch zu klären, ob
- alle technischen und arbeitsschutztechnischen Voraussetzungen für die danach vorzunehmenden Messungen gegeben sind,
- der Prüfling ohne vorheriges Säubern, Instandsetzen geprüft werden kann,
- eine Prüfung unter Betriebsbedingungen (Tauchsieder, Wasserkochgeräte u. ä.) sinnvoll ist,
- für das betreffende Gerät besondere Vorgaben oder Grenzwerte zu beachten oder spezielle Mess-/Prüfverfahren anzuwenden sind.

Bei der Instandsetzung gehört das Prüfen durch eine Besichtigung unmittelbar zu jedem Arbeitsschritt.
In **Tafel 6.2** sind die zu beachtenden Fakten und einzelnen Prüfschritte beispielhaft angeführt. Darüber hinaus können sich durch spezifische Eigenarten der Geräte weitere Kontrollaufgaben ergeben.

Frage 6.11 Ist es erforderlich, auch das Innere der Geräte und ihrer Steckvorrichtungen zu besichtigen?

Dies ist nicht immer notwendig und wird auch in den Normen nicht ausdrücklich gefordert. Wenn allerdings Anzeichen eines Eingriffes, einer Überlastung o. ä. zu erkennen sind (sehen, hören, riechen), so muss der Prüfer klären, ob dies auf Schäden im Inneren hinweist. Selbstverständlich kann dann das Öffnen notwendig sein. Mitunter ist es erforderlich, um
- absolute Gewissheit über die Schutzklasse zu bekommen (Bilder 4.5 h und i) oder
- Messpunkte für die geforderten Prüfungen zu erhalten (Geräte mit elektrisch betätigten Schaltern),
- im Zweifelsfall die Festigkeit von Anschlussklemmen durch eine Handprobe kontrollieren zu können.

6.3 Nachweis der ordnungsgemäßen Schutzleiterverbindung

Bei Geräten der Schutzklasse I sind das Gehäuse sowie andere berührbare leitende Teile miteinander und über den Schutzleiter der Anschlussleitung mit dem Schutzkontakt des Steckers verbunden. Diese Verbindung ist Voraussetzung für die Wirksamkeit der Schutzmaßnahme. Mit der Prüfung ist nachzuweisen, dass sie vorhanden und ausreichend *niederohmig* ist.

Der Prüfer muss jedoch beachten, dass berührbare leitende Teile gegenüber den aktiven Teilen auch derart isoliert sein können, dass die Merkmale einer *Schutzisolierung* erfüllt werden. Dann ist eine Verbindung mit dem Schutzleiter nicht erforderlich (Bild 4.5 f).

Vor dem Beginn der Messung ist zu klären,
- ob am Prüfling der Schutzklasse I derartige Teile vorhanden sind, an ihnen muss dann die Messung des *Isolationswiderstandes* oder *Berührungsstroms* erfolgen,
- welche Messpunkte am Gerät gewählt werden müssen, um alle inneren Schutzleiterverbindungen bei der Messung zu erfassen,
- ob das Gerät funktionsbedingte Schutzleiterunterbrechungen aufweist, die eine Durchgangsprüfung verhindern, so dass eine andere Prüfmethode gewählt werden muss (beim Sicherheits-DI-Adapter (Bild 9.1) ist dies z. B. die Funktionsprüfung).

Bei der Prüfung muss jedes leitende berührbare Teil erfasst werden, das eine Verbindung zum Schutzleiter hat bzw. haben muss. Es können somit in Abhängigkeit von der konstruktiven Gestaltung des Gerätes mehrere Messungen erforderlich sein.

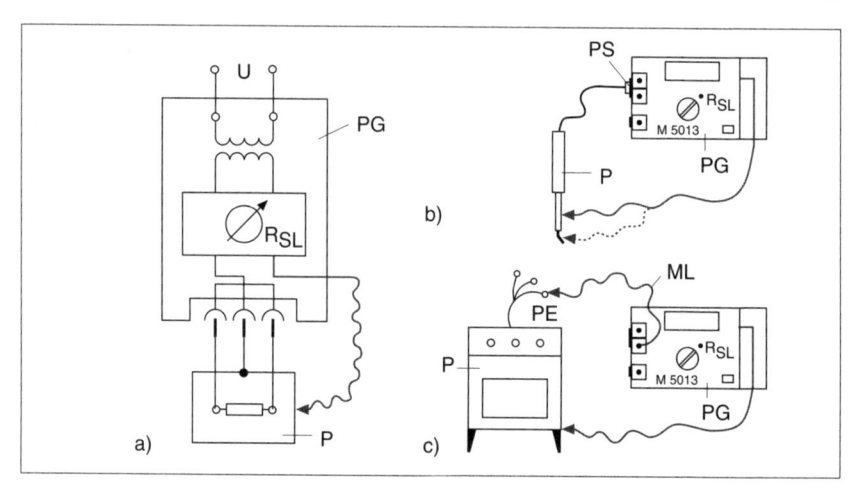

Bild 6.2   *Messung des Schutzleiterwiderstandes RPE*

        PG Prüfgerät; P Prüfling; PS Prüfsteckdose; PE Schutzleiteranschluss; ML zusätzliche Messleitung

        a) Prinzipschaltbild der Prüfung eines Gerätes mit Steckeranschluss
        b) Beispiele für den Anschluss eines ortsveränderlichen Gerätes bei der Messung
        c) Beispiel für den Anschluss eines Gerätes ohne Stecker bei der Messung

Tafel 6.3 *Daten nach DIN VDE 0701 und DIN VDE 0702 zur Messung des Schutzleiterwiderstands*

Messgrößen	Messwerte/Grenzwerte nach	
	DIN VDE 701	DIN VDE 702
Vorgaben für die Messung nach DIN VDE 0404		
– Messspannung (AC oder D)	4 bis 24 V	
– Messstrom	≥ 0,2 A	
Grenzwerte für den Schutzleiterwiderstand		
– alle Geräte mit Anschlussleitung bis 5 m Länge und	0,3 Ω	
– je weitere 7,5 m	0,1 Ω	
– jedoch insgesamt höchstens	1 Ω	
– Datenverarbeitungssysteme mit fest angeschlossenen Einzelgeräten		
– je Gerät, nach Auftrennung	1 Ω	–
– zwischen den Geräten	0,2 Ω	–

Die ortsveränderlichen Leitungen sind bei der Messung zu bewegen (*Handprobe*), lose Verbindungs- und Bruchstellen machen sich dann durch eine Veränderung des angezeigten Widerstandswertes bemerkbar, sofern das Prüfgerät einen ständig fließenden Messstrom liefert, d. h. die Messzeit nicht begrenzt wird. Die Art der Messung ist durch die DIN VDE Normen 0701/0702/0404 vorgegeben. **Bild 6.2** zeigt die anzuwendende Schaltung, **Tafel 6.3** die Daten der Messung und die vorgegebenen Grenzwerte. In den Bildern 7.1 ff. wird eine Auswahl von Prüfgeräten vorgestellt.

Besondere messtechnische Anforderungen an das Prüfgerät ergeben sich wenn
– ein hoher Prüfstrom gewünscht wird (F 6.14)
– je Messvorgang zwei Messungen mit unterschiedlicher Polarität des Messstroms erfolgen sollen (F 6.16)
– die Messzeit nicht begrenzt werden soll.

Um Fehlmessungen (Bild 6.1) zu vermeiden, ist strikt darauf zu achten, dass
– ortsveränderliche Geräte gegenüber Erde isoliert sind (Bei den meisten Prüfgeräten ist dies zwar nicht erforderlich, bei einigen aber ist der Schutzleiterkontakt der Prüfsteckdose mit dem Schutzleiter der Anschlussleitung und daher dann mit dem Schutzleiter/Potentialausgleich des Netzes verbunden.)
– bei ortsfesten Geräten der Schutzleiteranschluss aufgetrennt ist.

Frage 6.12 Warum findet man in den Normen unterschiedliche Vorgaben für den zulässigen Schutzleiterwiderstand?

Die Normen wurden zu unterschiedlichen Zeitpunkten durch jeweils andere und voneinander unabhängige Fachgruppen erarbeitet. So kam es zu unterschiedlichen Formulierungen der gleichen Sicherheitsanforderung.
Zu bedenken ist, dass es bei diesen Festlegungen der **Sicherheitsnormen** [3.25] [3.41] in erster Linie um die Sicherheit für den Menschen geht und nicht „nur" um die Qualität des Gerätes. Das heißt, der Widerstand des Schutzleiters des Gerätes
– darf beim Anschluss an eine Anlage die *Abschaltbedingung* der Schutz-

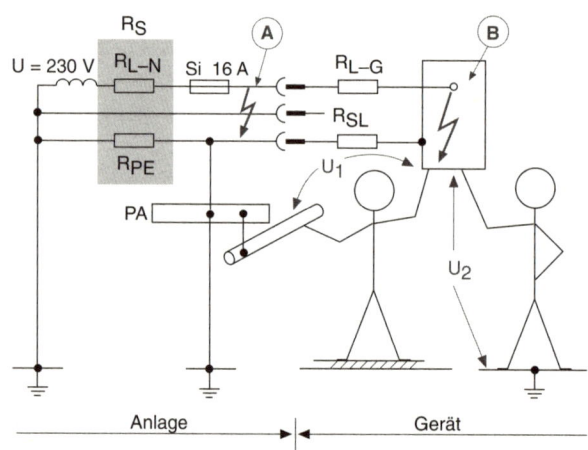

Kennwert	Fehlerstelle	
	A	B
Schleifenwiderstand R_S in Ω	1	1	1
Schutzleiterwiderstand R_{SL} des Geräts in Ω	–	0,3	1,0
gesamter Widerstand der Fehlerschleife $R_S + R_{L-G} + R_{SL}$ in Ω	1	1,6	3
Kurzschluss (Fehlerstrom) I_k in A	230	144	73
Abschaltzeit 16 A Sicherung gl in s	< 0,2	≥ 0,2	> 5
Abschaltzeit 16 A LS (B) in s	< 0,2	< 0,2	> 8
Berührungsspannung in V			
• $U_1 = I_k \times R_{SL}$	–	43	73
• $U_2 = I_k \times (R_{SL} + R_{PE})$	–	≤ 115	≤ 115

Bild 6.3 *Einfluss des Schutzleiterwiderstandes der Geräte auf die Abschaltzeiten und Berührungsspannungen bei einem Isolationsfehler*

Wie das Beispiel zeigt, sind infolge eines hohen Schutzleiterwiderstandes (R_{SL} = 1 Ω) bei einem Körperschluss (B) Abschaltzeiten und Berührungsspannungen erhöht.

Tafel 6.4 *Widerstandswerte der Schutzleiterbahn der Geräte*

Aderquerschnitt mm²	Leitungslänge m	Widerstand Ω	Messwert einschließlich Übergangswiderstand von 0,05 Ω
0,75	1	0,023	≤ 0,10 Ω
	5	0,12	≤ 0,15 Ω
1,0	1	0,018	≤ 0,10 Ω
	5	0,09	≤ 0,15 Ω
	10	0,18	≤ 0,25 Ω

maßnahme nicht unzulässig verschlechtern (**Bild 6.3**) [5.13],
– muss also so *niederohmig* sein wie konstruktiv möglich.

Der höchstzulässige Widerstand in der Anschlussleitung (PE und L) sollte somit soweit wie möglich unter Beachtung des zulässigen Schleifenwiderstandes der Anlage betrachtet werden.
Es ist auch nicht möglich, in den Normen einen einzigen Grenzwert für alle die verschiedenen Gerätearten festzulegen. Nur die prüfende Fachkraft vor Ort kann entscheiden welcher Widerstandswert sich zwangsläufig aus der konstruktiven Gestaltung der Schutzleiterbahn des jeweils vorliegenden Gerätes ergibt. Um dies zu berücksichtigen, könnte eine allgemeingültige Festlegung etwa wie folgt lauten:
„Durch eine Messung ist nachzuweisen, dass der Schutzleiter zwischen dem Schutzkontakt des Netzsteckers und den Teilen, die mit ihm verbunden sein müssen,
– Durchgang hat und
– sein Widerstand dem Wert entspricht, der sich aus der Länge und dem Querschnitt der Schutzleiterbahn, unter Berücksichtigung der möglichen Übergangswiderstände ergibt".
Dass die in den Normen angegebenen zulässigen Höchstwerte (Tafel 6.3) bei den üblichen Längen der Anschlussleitung und unter Berücksichtigung der zu erwartenden Übergangswiderstände zu hoch sind, lässt sich aus den Widerstandswerten in **Tafel 6.4** ableiten. Übergangswiderstände von einwandfreien Schraub-, Feder- oder Pressverbindungen liegen bei 0,01 Ω. Bei ordnungsgemäßen Steckverbindungen mit Gebrauchsspuren ergeben sich ebenfalls sehr geringe Übergangswiderstände von < 0,1 Ω.

> Das heißt, erbringt die Messung bei Geräten mit kurzen Anschlussleitungen (≤ 5 m) einen Wert von mehr als 0,15 Ω, so ist mit einem Fehler in der Schutzleiterbahn zu rechnen.

Frage 6.13 Warum werden in den Normen unterschiedliche Stromstärken für den Prüfstrom gefordert bzw. zugelassen?

Es gibt keinen schlüssigen Beweis für die Notwendigkeit einer bestimmten Stromart oder Stromstärke über 0,2 A.
Ein erfahrener Prüfer findet Fehler der Schutzleiterbahn in jedem Fall und unabhängig von der Höhe des Prüfstromes, die ordnungsgemäße Handprobe ist dabei unerlässlich.
Ein hoher Prüfstrom hat den Vorteil, dass
– der Prüfer mitunter durch Geräusche auf Fehlerstellen, z. B. erheblich gelockerte Klemmstellen in einer Steckvorrichtung, aufmerksam wird.
Er hat die Nachteile, dass
– aufwendige und schwere Prüfgeräte erforderlich sind und
– lose Teile der Schutzleiterbahn möglicherweise miteinander verschweißen, so dass eine ordnungsgemäße Verbindung vorgetäuscht wird.

Frage 6.14 Inwieweit ist die Anwendung eines Prüfgerätes mit einer höheren Prüfstromstärke zweckmäßig?

Wie Tafel 6.3 zeigt, wird die Anwendung derartiger Geräte nicht gefordert. Die unter F 6.13 genannten Nachteile, vor allem das Gewicht derartiger Geräte, beschränken die Anwendung auf die Prüfplätze der Werkstätten. Aber auch dort ist ihr Einsatz nur sinnvoll, wenn desöfteren Schutzleiterdefekte innerhalb von Geräten oder Steckvorrichtungen zu suchen sind. In diesen Fällen genügt möglicherweise auch ein Ja/Nein-Prüfgerät (Bild 7.4 a, Anhang 2) oder eine Prüfeinrichtung, die den hohen Strom nur kurzzeitig zur Verfügung stellt.
Werkstätten, die bereits über Prüfgeräte verfügen und nur gelegentlich Reparaturen an handgeführten Elektrowerkzeugen vornehmen, werden sich sicherlich nicht noch ein zusätzliches, selten benutztes Prüfgerät zulegen. Sie werden von der ihnen möglichen Entscheidungsfreiheit Gebrauch machen (Abschnitt 3) und auf ihre Weise für die ordnungsgemäße Prüfung sorgen.

Frage 6.15 Welche Schwachstellen in der Schutzleiterbahn werden bei der Messung des Schutzleiterwiderstandes möglicherweise nicht gefunden?

Durch das Bewegen der Anschlussleitung während der Messung mit einem ständig fließenden Messstrom werden die dort und an den Einführungsstellen vorhandenen Mängel sicher gefunden. Anders ist es bei losen Anschlussstellen in den Steckvorrichtungen und im Gerät. Diese bewirken möglicherweise keine oder nur eine sehr geringe Erhöhung des Widerstandes und lassen sich daher bei der Messung nur schwer entdecken. Mitunter, aber nicht mit Sicherheit, werden sie gefunden, wenn zwei Messungen mit unterschiedlichen Stromrichtungen erfolgen (Prüfgeräte in den Bildern 7.2 a, 7.3 a u. a., Anhang 2). Gewissheit über den Zustand der Anschlüsse des Schutzleiters erhält der Prüfer nur durch ein Öffnen des Gerätes. Ob dieser doch recht erhebliche Aufwand erforderlich ist, kann nur durch eine Besichtigung des Gesamtgerätes entschieden werden. Gibt es keine Anzeichen eines Eingriffes, keine Verschleißerscheinungen oder ähnliche Merkmale, so sollte auf das Öffnen verzichtet werden. Hier zeigt sich, dass eine *Elektrofachkraft (für das Prüfen)* über gute Gerätekenntnisse und Prüferfahrungen verfügen muss. Deutlich wird aber damit auch, dass eine Fehler- oder Schwachstelle nicht mit absoluter Sicherheit gefunden werden kann. Immer bleibt ein gewisses vertretbares Risiko (Bild 4.3, F 3.17).

Frage 6.16 Welche Vorteile bietet bei der Messung des Schutzleiterwiderstandes die Stromrichtungsumkehr?

Prüfgeräte, die für das Messen der Schutz- und Potenzialausgleichsleiter in den Anlagen vorgesehen sind (Bild 7.7 f, Anhang 2), müssen nach DIN VDE 0413 [3.18] über diese Möglichkeit der Messung in beiden Stromrichtungen des Messprüfstroms verfügen. Damit können Fremdströme und korrodierte Kontakte infolge der durch sie verursachten galvanischen Spannungen in der zu messenden Leitung erkannt werden.
Moderne Prüfgeräte nach DIN VDE 0404 verfügen ebenfalls über diese Messmöglichkeit, teilweise erfolgt bei ihnen eine automatische Messung in beiden Stromrichtungen (Bilder 7.2 a, 7.3 a u. a.). Schlechte Verbindungsstellen mit einem möglicherweise stromrichtungsabhängigen Widerstand können auf diese Weise ermittelt werden. Diese Prüfmethode – gegebenenfalls unter Einsatz von Anlagenprüfgeräten (Bild 7.7 f) – ist zu empfehlen, wenn im Freien oder in feuchten Räumen eingesetzte Geräte zu prüfen sind.

Frage 6.17 Welche Einflüsse können das Messergebnis für R_{SL} so verfälschen, dass eine falsche Beurteilung die Folge sein kann?

Möglich ist dies durch
– Übergangswiderstände an den Messklemmen/-spitzen,
– nicht berücksichtigte zusätzliche Messleitungen,
– parallele Messstrecken über einen Erdkontakt des Prüflings.
Ist der Messwert höher, als bei einem fehlerfreien Gerät (Tafel 6.4 rechte Spalte), so wird wahrscheinlich ein Fehler in der Schutzleiterbahn oder eine Verschmutzung der Steckkontakte die Ursache sein. In derartigen Fällen sollte die Messung nach einer Kontrolle der Messschaltung wiederholt werden.

Der *Gebrauchsfehler* der Messgeräte (F 7.1) hat bei einer einwandfreien Schutzleiterbahn, d. h. einem geringen Widerstand keinen derart gravierenden Einfluss. Denkbar ist eine falsche Beurteilung, wenn bei einem Gerät nach Bild 4.5 d infolge einer Schutzleiterunterbrechung das Messergebnis „$R_{SL} = \infty$" angezeigt wird und der Prüfer fälschlicherweise annimmt, es handle sich um ein Gerät, bei dem das betreffende leitende Teil im Originalzustand nicht mit dem Schutzleiter verbunden ist (Bild 4.5 f).

6.4 Nachweis des Isoliervermögens durch Messen des Isolationswiderstandes

Das Messen des Isolationswiderstandes ist die einfachste und auch die gebräuchlichste Methode zur Beurteilung der Isolation der Anlagen und Geräte. Alle im Handel erhältlichen, nach DIN VDE 0404 für die Prüfung ortsveränderlicher Geräte vorgesehenen Prüfmittel (Bilder 7.1 ff) sind mit dieser Messmöglichkeit ausgerüstet. Sie wurde generell und wird in einigen Normen auch jetzt noch als einzige Prüfmethode vorgegeben. Ihre wesentlichen Vorteile sind, dass
– sie bei Geräten aller drei Schutzklassen angewandt werden kann und einen geringen Prüfaufwand erfordert,
– der Einsatz von leichten, preiswerten Prüfgeräten möglich ist,
– etwaige Einflüsse von Kondensatorbeschaltungen ausgeschlossen sind,
– Tendenzen zur Verschlechterung der Isolation gut erkannt werden können.

Tafel 6.5 Daten nach DIN VDE 0701 und DIN VDE 0702 zur Messung des Isolationswiderstandes

Messgröße	Messwerte/Grenzwerte nach	
	DIN VDE 0701	DIN VDE 0702
Vorgaben für die Messung nach DIN VDE 0404 – Messspannung – Leerlaufspannung (max.) – Messstrom	500 V DC 750 V DC $\leq 3{,}5$ mA	
Grenzwerte – Schutzklasse I – allgemein – Geräte mit eingeschalteten Heizelementen – Schutzklasse II – Schutzklasse III	1 MΩ 0,3 MΩ[2]	0,5 MΩ[1] 2,0 MΩ 0,25 MΩ

1) Die Anpassung an DIN VDE 0701 ist zu erwarten
2) Wird der Grenzwert bei der Messung an Geräten mit einer Gesamtleistung von $\geq 3{,}5$ kW unterschritten, erfolgt die Bewertung des Prüflings nach dem Ergebnis der Schutzleiterstrommessung

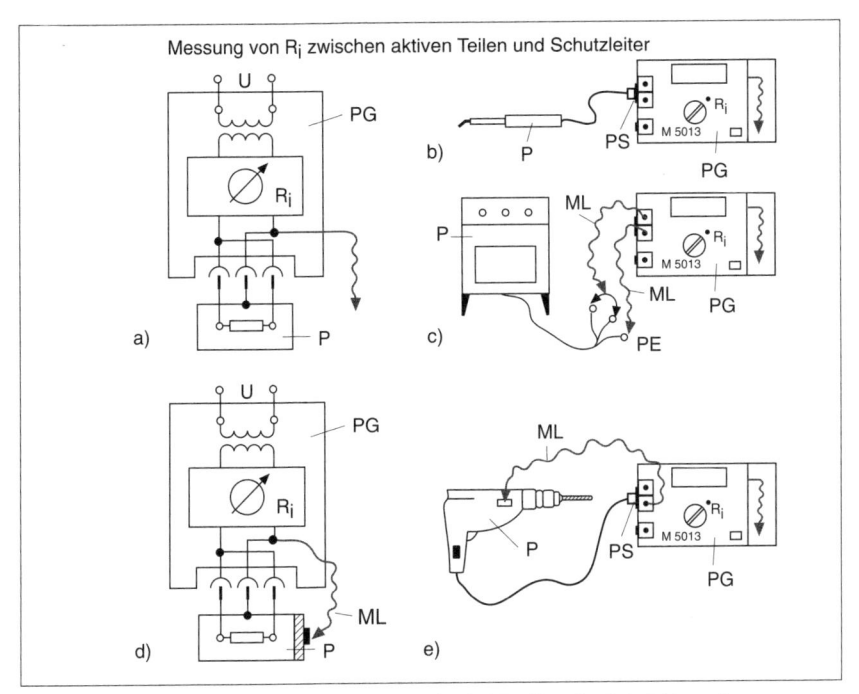

Bild 6.4 *Messung des Isolationswiderstandes bei Geräten der Schutzklasse I*

PG Prüfgerät; P Prüfling, PS Prüfsteckdose; ML zusätzliche Messleitung

a) Prinzipschaltbild der Prüfung eines Gerätes mit Steckeranschluss
b) Beispiel für den Anschluss eines ortsveränderlichen Gerätes Schutzklasse I bei der Messung
c) Beispiel für den Anschluss eines Gerätes ohne Stecker bei der Messung
d) Prinzipschaltbild und Anschlussbeispiel für die Messung an einem Gerät der Schutzklasse I mit berührbaren leitenden Teilen, die nicht mit dem Schutzleiter verbunden sind
e) Beispiel für den Anschluss eines ortsveränderlichen Gerätes mit berührbaren leitenden, nicht mit dem Schutzleiter verbundenen Teilen bei der Messung

Ihre Anwendung hat bisher immer zu einer ausreichend guten Beurteilung des Isolationszustandes geführt. Sie wird sicherlich auch weiterhin die meist angewandte Messmethode bleiben. Welche Gründe den Prüfer trotzdem zur Messung des Schutzleiter- oder des Berührungsstromes veranlassen können (Tafel 6.1), wird in den folgenden Abschnitten dargelegt.
Die Art der Messung des Isolationswiderstandes ist durch die DIN-VDE-Normen 0701/0702/0404 vorgegeben. Die **Bilder 6.4** und **6.5** zeigen die anzuwendenden Schaltungen, **Tafel 6.5** die Daten der Messung und die vorgegebenen Grenzwerte.

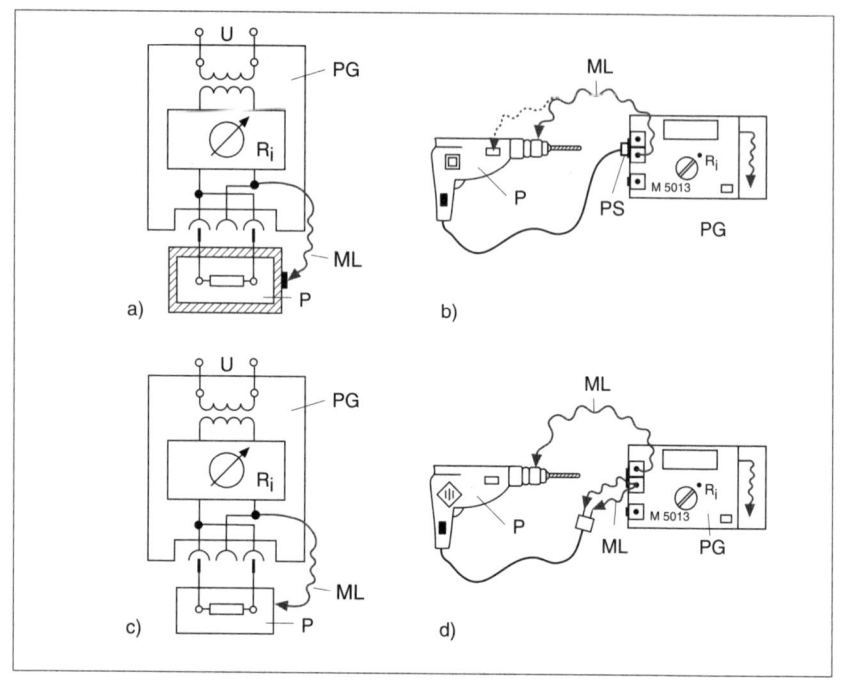

Bild 6.5 *Messung des Isolationswiderstandes bei Geräten der Schutzklasse II und III*

PG Prüfgerät; P Prüfling; PS Prüfsteckdose; ML zusätzliche Messleitung

a) und c) Prinzipschaltbilder
b) und d) Beispiele für den Anschluss von ortsveränderlichen Geräten bei der Messung

Für die Prüfung nach der Instandsetzung besteht bei einigen Gerätearten die Vorgabe, zusätzlich oder anstelle der Messung des Isolationswiderstandes andere Prüfungen durchzuführen (**Tafel 6.6**).

Vor Beginn der Prüfung
- sind Schalter, Regler usw. einzuschalten, um alle aktiven Teile bei der Prüfung zu erfassen (F 6.21),
- ist bei Geräten der Schutzklasse I zu klären, ob alle berührbaren leitenden Teile mit dem Schutzleiter verbunden sind oder anderenfalls an ihnen eine gesonderte Messung des Isolationswiderstands vorzunehmen ist (Bild 6.4 d),
- muss ermittelt werden, ob elektronische Bauteile vorhanden sind, die möglicherweise durch die Prüfspannung beschädigt werden können (F 6.20),
- ist festzustellen, ob der Prüfling Heizelemente oder Beschaltungen auf-

Tafel 6.6 Besondere Vorgaben zum Nachweis des Isoliervermögens bei der Prüfung nach der Instandsetzung

Geräteart/Norm	Vorgabe
Bodenreinigungsgeräte [3.28]	zusätzlich Nachweis der Spannungsfestigkeit mit Schutzklasse I Schutzklasse II Schutzklasse III 1 kV 3 kV 0,4 kV
netzbetriebene elektronische Geräte [3.38]	Für die **Isolationswiderstandsmessung** gilt: – Die Messung ist auch vorzunehmen zwischen den aktiven Teilen und den nicht mit dem Blitzpfeil gekennzeichneten Anschlussstellen für andere Geräte (Lautsprecher, Antennen usw.). – Wird bei Geräten der Schutzklasse II der geforderte Widerstand von 2 MΩ nicht eingehalten, so muss eine Ersatzableitstrommessung (jetzt Berührungsstrommessung nach dem Verfahren der Ersatzableitstrommessung) vorgenommen und bestanden werden. – Zusätzlich zur Isolationswiderstandsmessung darf das Feststellen der Spannungsfestigkeit erfolgen. Für die **Ersatzableitstrommessung** gilt: – sie ist vorzunehmen, wenn durch die Instandsetzung (Ersatz von Koppelkondensatoren usw.) die Ableitströme möglicherweise beeinflusst wurden – der Grenzwert beträgt dann bei einphasigen Geräten der Schutzklasse I 1 mA und bei mehrphasigen Geräten 0,5 mA.
handgeführte Elektrowerkzeuge	Bei Geräten an denen eine **Isolationswiderstandsmessung** mit positivem Ergebnis durchgeführt wurde darf anstelle der Schutzleiterstrom- bzw. der Berührungsstrommessung auch eine Prüfung der Spannungsfestigkeit vorgenommen werden, wenn z.B. durch ein Überstromrelais gesichert ist, dass bei einem Ableitstrom von mehr als 5 mA eine Auslösung erfolgt.

weist und demzufolge beim Unterschreiten der Mindestwerte (Tafel 6.5) durch eine Ersatz-Ableitstrommessung festgestellt werden muss, ob er weiter betrieben werden darf (F 6.2 und F 6.35).

Frage 6.18 Ist das Messen des Isolationswiderstandes eine zuverlässige Prüfmethode?

Diese Messung ist die älteste Prüfmethode, die in den VDE-Bestimmungen zum Nachweis der Sicherheit vorgegeben wurde. Ihre ausreichende Zuverlässigkeit wird durch die Erfahrungen vieler Jahrzehnte bestätigt. Sie kommt daher auch in allen Prüfgeräten nach DIN VDE 0404 und anderen Normen [3.18] zur Anwendung.

Natürlich ist immer zu bedenken,
- welche Fehler bei diesem Messprinzip möglicherweise nicht gefunden werden (F 6.21),
- ob die Messung des Schutzleiter- oder Berührungsstromes in bestimmten Fällen noch aussagekräftiger ist (F 6.21),
- ob es die Eigenart des zu prüfenden Gerätes empfiehlt, das Beaufschlagen mit der Prüfspannung von 500 V bis max. 750 V zu vermeiden (F 6.20).

Keine der Messmethoden bietet für sich allein einen ausreichend sicheren Nachweis des Isoliervermögens. Zur Beurteilung gehört immer auch die Sichtprüfung der Isolierteile. Diese dienen neben dem Isolieren auch zum Trennen, Schützen, Halten und Verbinden, werden also vielseitig beansprucht. Immer ist zu beachten, dass mit einem Schaden durch mechanische Beanspruchungen auch der Verlust des Isoliervermögens verbunden sein kann.

Frage 6.19 Wie werden die in den Normen [3.25] und [3.41] angegebenen Grenzwerte für den Isolationswiderstand begründet?

Die DIN-VDE-Bestimmungen sind Sicherheitsnormen. Ihre Vorgaben ergeben sich aus der Forderung, die Sicherheit des Menschen, der Nutztiere und der Sachwerte zu gewährleisten. Für die Güte der Isolation einer Anlage und eines Gerätes gilt daher:
Über die Isolierung soll nur ein den Menschen nicht gefährdender Strom fließen können (Bild 4.4), als zulässiger Sicherheits-Grenzwert wurde daher festgelegt $I_B \leq 1$ mA.

Somit bestimmt das Bemühen um die Sicherheit für den Menschen, d. h. der ab etwa 0,5...1 mA spürbare Berührungs-(Körper-)strom mit

$$I_B \leq 1 \text{ mA} = \frac{U}{R_i} = \frac{1 \text{ V}}{1000 \, \Omega}$$

den Mindestwert des zulässigen Isolationswiderstandes. Aus dieser Beziehung ergibt sich die allgemeingültige Forderung nach der Höhe des Isolationswiderstandes von zumindest
   1000 Ω je Volt der Nennspannung der jeweiligen Anlage,

die man z. B. in den Normwerten (Tafel 6.5)

   0,5 MΩ/ 500 V = 1000 Ω/1 V
   1,0 MΩ/1000 V = 1000 Ω/1 V
wiederfindet.

Wie die Praxis zeigt, ergeben sich bei den Messungen an einem einwandfreien Gerät immer wesentlich höhere, aber auch sehr unterschiedliche Werte des Isolationswiderstandes. Ein allgemeingültiger exakter Wert, der als Gut-Schlecht-Grenze der Qualität der Isolation zu werten wäre, lässt sich daher nicht festlegen. Allein der Prüfer kann im konkreten Fall entscheiden, ob der gemessene Wert eine Schwachstelle, einen entstehenden Fehler erkennen lässt oder für den ordnungsgemäßen Zustand der betreffende Geräteart typisch ist.

Zu beachten ist daher,
allein das Einhalten der (Sicherheits-)Grenzwerte der Norm (0,5 MΩ, 1,0 MΩ, 2 MΩ) (Tafel 6.5) kann noch nicht als Bestätigung des ordnungsgemäßen Zustandes der Isolierungen eines Gerätes angesehen werden.
Da im Allgemeinen Isolationswiderstände von ...20...30...MΩ gemessen werden, können auch Messwerte $R_i \geq$ (0,5 MΩ, 1 MΩ, 2 MΩ)... 5 MΩ...10 MΩ auf Unregelmäßigkeiten hindeuten. Der Prüfer hat dann die Ursache eines derartigen „geringen" Isolationswiderstandes zu klären.

Frage 6.20 Was ist zu beachten, wenn elektronische Baugruppen in die Prüfung einzubeziehen sind?

Elektronische Baugruppen und ebenso einzelne Bauelemente, die im Gerät mit dem Netzanschluss galvanisch verbunden sind, müssen von ihrem Hersteller so ausgewählt worden sein, dass sie den dort auftretenden Beanspruchungen standhalten. Zu diesen Beanspruchungen gehören auch die Einflüsse der nach den Normen zu erwartenden Prüfspannungen. Insofern dürften gegen das Messen mit 500/750 V DC (Tafel 6.5) keine Einwände bestehen. Erfahrungsgemäß kommt es aber mitunter zu Beschädigungen. Ursache können z. B. stark verschmutzte Kriechstrecken, Unterbrechungen in einem aktiven Leiter, gelöste Messleitungen usw. sein. Probleme können auch entstehen, wenn ein Gerät mit einem Überspannungsschutz (Ansprechwert > 500 V) versehen ist. Zu empfehlen ist daher, bei derartigen Bedenken die *Schutzleiter- oder Berührungsstrommessung* vorzunehmen. Steht dafür kein Prüfgerät zur Verfügung, so besteht die Möglichkeit,
– die Teile abzutrennen und einer Sichtprüfung zu unterziehen,
– auf die Messung zu verzichten und den Nachweis durch eine Besichtigung des gesamten Gerätes zu ersetzen.

Frage 6.21 Wie ist zu prüfen, wenn aktive Teile hinter elektrisch betätigten Schaltern liegen und somit bei der Messung nicht erfasst werden?

Zunächst ist zu versuchen, den Zustand der betreffenden Teile durch eine Besichtigung festzustellen. Führt dies nicht zum Ziel und scheidet auch das Öffnen des Gerätes aus, so bleibt nur die Möglichkeit, eine Messung des Schutzleiter- oder des Berührungsstromes vorzunehmen, um eine vollständige Prüfung zu gewährleisten. Ist bei Reparaturen ein Öffnen der Geräte erforderlich, so kann dann die Messung des Isolationswiderstandes der hinter Schaltern usw. liegenden aktiven Teile erfolgen.

Frage 6.22 Wie ist zu verfahren, wenn bei Geräten mit Beschaltungselementen, z. B Entstörkombinationen, der geforderte Mindestwert von R_i unterschritten wird?

In diesem Fall muss geklärt werden, ob die Beschaltungselemente oder die Isolierungen des Geräts Ursache dieses geringen Isolationswiderstands sind. Dies erfolgt durch eine Schutzleiterstrommessung und den Vergleich des Messergebnisses mit dem durch die Beschaltung zu erwartenden Ableitstrom. Dieser beträgt bei
C = 47 nF etwa 3,5 mA
= 10 nF etwa 0,7 mA.

Frage 6.23 Werden durch die Messung auch Verschmutzungen, z. B. der Abrieb von Kohlebürsten o. ä., erfasst?

Das hängt vom Grad der Verschmutzung und der konstruktiven Gestaltung des Gerätes ab. Ausreichende Sicherheit bietet in derartigen Fällen eine Messung nur dann, wenn sie durch eine gründliche Sichtprüfung ergänzt wird. Ergeben sich durch das Arbeitsprogramm des Öfteren derart verschmutzte Geräte, so sollte erprobt werden, ob
– mit der Schutzleiter- oder Berührungsstrommessung,
– durch Hochspannungsprüfungen (F 6.37) oder
– durch Isolationsmessgeräte mit Gigaohm-Messbereich (Bild 7.7 f)

bessere Aussagen erreicht werden. Ablagerungen aus leitendem Material auf Isolierteilen können im Zusammenwirken z. B. mit dem Gehäuse auch als Kondensatoren wirken. Dies kann sich auf die Höhe der Schutzleiter- bzw. Berührungsströme auswirken.

Frage 6.24 Müssen bei Großgeräten, z. B. Spül- oder Waschmaschinen, alle Steuerstromkreise in die Isolationsmessung einbezogen werden?

Die Steuerstromkreise dieser Geräte werden mit der Schutzmaßnahme *Schutzkleinspannung* betrieben. Demzufolge gehört zur Prüfung auch der Nachweis, dass die Isolation der Kleinspannungsstromkreise gegen das Gehäuse und gegen die aktiven Teile der Stromversorgung den geforderten Isolationswiderstand (Tafel 6.5) aufweist. Bei der Prüfung nach Instandsetzung ist diese Messung unverzichtbar (F 4.1). Ob sie bei einer Wiederholungsprüfung notwendig ist, sollte vom Prüfer nach den eingangs im Abschnitt 5 genannten Merkmalen entschieden werden (F 6.27).

Frage 6.25 Sind Geräte, die zur Wassererwärmung dienen oder auf andere Weise bei ihrem Betreiben dem Einfluss von Wasser ausgesetzt sind, unter Betriebsbedingungen zu prüfen?

Der sichere Nachweis einer ordnungsgemäßen Isolation bzw. das Erkennen von Schwachstellen ist bei derartigen Geräten eigentlich nur durch das Prüfen unter Betriebsbedingungen möglich.
Zu fragen ist jedoch, ob
– Fehler an den Wasserbehältern oder den mit Wasser bedeckten Teilen nicht auch durch eine gründliche Besichtigung zu erkennen sind,
– der Aufwand in einem vertretbaren Verhältnis zum Nutzen steht.

Für das **Prüfen nach dem Instandsetzen** wird in [3.25] gefordert, dass
– wasserdichte Geräte bei der Isolationsmessung mit Wasser bedeckt sind.

Dies bezieht sich insbesondere auf Tauchsieder und gleichartige Geräte, bei denen z. B. Risse im metallenen Körper durch eine Sichtprüfung nur schwer oder gar nicht feststellbar sind.
Für die **Wiederholungsprüfung** gibt es eine solche Forderung nicht. Wenn es sich um Geräte der Schutzklasse I handelt und ein etwaiger Ableit-/Fehlerstrom nicht zum Berührungsstrom werden kann (Bild 6.8 a), ist der Verzicht auf diese Prüfung vertretbar. Bei Warmwasserbereitern und ähnlichen Geräten lassen sich Fehler in Plastgehäusen meist durch Besichtigen feststellen. Wenn jedoch Beschädigungen (Beulen o. ä.) vorhanden sind, über deren Auswirkung keine Klarheit besteht, sollte die Messung mit gefülltem Wasserbehälter vorgenommen werden.

Frage 6.26 Wie ist zu prüfen, wenn das Gerät keine berührbaren leitenden Teile aufweist?

Da keine derartigen Teile vorhanden sind, muss die Messung des Isolationswiderstandes zwischen ihnen und den aktiven Teilen entfallen. Durch Besichtigen ist zu prüfen, ob sich die Isolierteile in einem ordnungsgemäßen Zustand befinden. Die Messung des Widerstandes zwischen den aktiven Teilen und einer das Isoliergehäuse umgebenden Metallfolie, die bei anderen Prüfungen zur Anwendung kommt, wird hier nicht gefordert.

Frage 6.27 Welche Einflüsse können das Messergebnis für R_i so verfälschen, dass eine falsche Beurteilung die Folge sein kann?

Dies ist in folgenden Fällen möglich:
− Die Messleitung wurde versehentlich nicht oder an einen falschen Prüfpunkt angelegt, so dass der Messkreis nicht geschlossen ist.
− Die hinter den Kontakten von elektrisch betätigten Schalteinrichtungen liegenden Leitungen und Bauelemente werden nicht mit erfasst.

Alle möglichen anderen Einflüsse verursachen eine Verminderung des Isolationswiderstandes und werden demzufolge bemerkt.

6.5 Nachweis des Isoliervermögens durch Messen der Ableitströme

Der Ableitstrom ist eine kennzeichnende Größe für die Qualität einer Isolierung und vor allem für die Sicherheit, die ein elektrisches Gerät seinem Benutzer bietet. Da es nicht möglich ist, den Ableitstrom am Ort seines Entstehens – in der Isolierung – zu messen, müssen andere, der Eigenart der jeweiligen Geräteart angepasste Messmethoden genutzt werden. Bezeichnet wird der Ableitstrom
− bei Geräten der Schutzklasse I als **Schutzleiterstrom** (Bilder 6.6 und 6.8) oder
− bei Geräten der Schutzklasse II als **Berührungsstrom** (Bilder 6.7 und 6.8).

Zu beachten ist:
1. Der Schutzleiterstrom und der Berührungsstrom sind ebenso wie der Isolations- und der Schutzleiterwiderstand kennzeichnende Größen der Geräte.
2. Der Vergleich der Messwerte des Schutzleiter- bzw. des Berührungs-

stroms mit den zulässigen Grenzwerten (Tafel 6.7) bringt die Entscheidung, ob das jeweils geprüfte Gerät als "sicher" bezeichnet werden kann und weiter benutzt werden darf oder nicht.

Zu beachten ist weiterhin:
Während für den Ableitstrom gilt
– Strom, der im fehlerfreien Stromkreis/Gerät zur Erde oder zu einem fremden leitfähigen Teil fließt,

wird der Fehlerstrom wie folgt definiert
– Strom, der bei einem Isolationsfehler über die Fehlerstelle fließt.

Wo im konkreten Fall die Grenze zwischen den beiden liegt, ob der bei einem Gerät gemessene Schutzleiter- bzw. Berührungsstrom noch als Ableitstrom oder **schon** als Fehlerstrom anzusehen ist, lässt sich oftmals nicht exakt ermitteln. Für die Prüfungen gilt:

Wird ein Schutzleiter- bzw. Berührungsstrom gemessen, dessen Betrag über dem Grenzwert liegt, der in der für das Prüfen [3.25] [3.4] bzw. das Herstellen [3.23] jeweils geltenden Norm angegebenen wird, so ist zumindest ein Teil davon als Fehlerstrom und das Gerät als fehlerhaft anzusehen.

Im Sinne der Norm ist ein Gerät sicher und somit als einwandfrei anzusehen, wenn der gemessene Wert geringer ist als der Grenzwert.
Der Prüfer jedoch muss darüber hinaus den im Einzelfall gemessenen Wert auch mit dem bei der jeweiligen Geräteart üblichen Ableitstrom vergleichen und das Ergebnis dieses Vergleichs bei der Entscheidung über den Zustand des Geräts berücksichtigen (F 6.34).

Das Messen des Ableitstroms zum Nachweis des Isoliervermögens ist in DIN VDE 0702 bereits seit 11/95 zugelassen worden und hat sich als Prüfmethode bestens bewährt. Vordem wurde von ihr kein allgemeiner Gebrauch gemacht, da
– das zu prüfende Gerät bei dieser Messung mit dem Netz verbunden sein muss und
– der gerätetechnische Aufwand größer ist als bei der Messung des Isolationswiderstandes.

Sie hat gegenüber der Messung des Isolationswiderstands den Vorteil, dass
– unmittelbar der den Bedienenden möglicherweise gefährdende Ableit- bzw. Fehlerstrom gemessen wird,

- alle mit Netzspannung beaufschlagten Teile erfasst werden (F. 6.24) und
- die Prüfung problemlos unter Berücksichtigung aller Betriebszustände des Prüflings erfolgen kann.

Die Nachteile ihrer Vorgabe bzw. Anwendung sind, dass
- die bisher üblichen einfachen und noch vielfach vorhandenen Prüfgeräte (Kategorie A im Anhang 2) nicht bei allen Prüflingsarten eine komplette Prüfung ermöglichen, sondern das Anschaffen der aufwendigeren Prüfeinrichtungen (Kategorie B oder C im Anhang 2) nötig ist,
- der Anschluss an die Netzspannung zusätzliche Maßnahmen des Arbeitschutzes erfordert.

Wie bei der Isolationswiderstandsmessung muss in jeder Stellung der Schalter, Steuereinrichtungen usw. des Prüflings gemessen werden.

Als Messverfahren zum Ermitteln des Ableitstroms (Schutzleiter- oder Berührungsstrom) stehen zur Verfügung
- die direkte Messung (Bilder 6.6 a und 6.7 a)
- das indirekte Messen nach dem Differenzsstrommessverfahren (Bilder 6.6 b und 6.7 b)
- die Messung (Ermitteln) mit einer Ersatzschaltung, die so genannte Ersatz-Ableitstrommessung (Bild 6.9).

Bei jedem dieser Messverfahren und bei dem Beurteilen der mit ihnen erzielten Messergebnisse sind einige besondere Bedingungen zu beachten, die nachfolgend mit angegeben werden.

Messen des Schutzleiterstroms

Die Messschaltungen sind in den **Bildern 6.6** und **6.9** dargestellt. Die Grenzwerte enthält **Tafel 6.7**. Angewandt werden können die Prüfgeräte der Kategorie B oder C (Anhang 2, Bilder 7.2 und 7.3).

Zu beachten sind folgende Messbedingungen:
1. Messungen sind in beiden Positionen des Netzsteckers und in allen Stellungen der Schalt- oder Steuergeräte vorzunehmen. Der Beurteilung des Prüflings ist der größte der gemessenen Wert zugrunde zu legen.
2. Bei der **direkten Messung** des Schutzleiterstromes dürfen keine Verbindungen des Prüflings zu anderen Geräten und nicht zur Erde bestehen (Bild 6.6 b), um eine unkontrollierbare Verzweigung des zu messenden Ableit-/Fehlerstromes zu verhindern. Bei der Differenzstrommessung ist die isolierte Aufstellung nicht erforderlich.

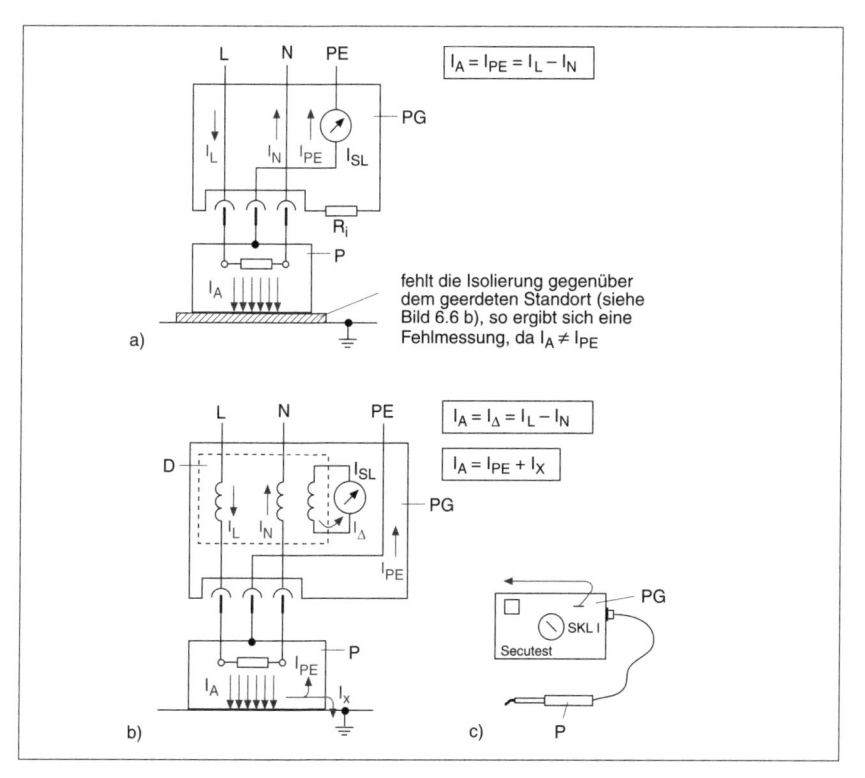

Bild 6.6 *Messung des Schutzleiter-(Ableit-)Stromes bei Geräten der Schutzklasse I*

PG Prüfgerät; P Prüfling; ML zusätzliche Messleitung; D Differenzstrommesseinrichtung; R_i Innenwiderstand des Messgeräts max. 5 Ω; I_{PE} im Schutzleiter fließender Strom; I_{SL} Bezeichnung der Messaufgabe

a) Prinzipschaltbild für die direkte Messung
b) Prinzipschaltbild für die indirekte Messung als Differenzstrom
c) Beispiel für den Anschluss von ortsveränderlichen Geräten bei der Messung

3. Bei ortsfesten Geräten, deren Ableitstrom funktionsbedingt über 3,5 mA liegt (Kochkessel usw.) wird eine zusätzliche Sicherheit für den Fall eines etwaigen Schutzleiterbruchs verlangt.

Dies wird erreicht durch
– stärkere Schutzleiterquerschnitte/kompaktere Steckvorrichtungen (CEE-Stecker) oder
– zusätzlichen örtlichen Potenzialausgleich.
Die Wirksamkeit dieser Maßnahmen ist auf geeignete Weise – Messung mit der Leckstromzange und/oder Besichtigen – zu prüfen.

Tafel 6.7 Daten nach DIN VDE 0701 und DIN VDE 0702 zur Messung des Schutzleiterstroms

Messgröße	Messwerte/Grenzwerte nach DIN VDE 0701	DIN VDE 0702
Vorgaben für die Messung nach DIN VDE 0404		
– Innenwiderstand der Messschaltung bei der direkten Messung	höchstens 5 Ω[1]	
– Messspannung	Nennnetzspannung 230 V	
Grenzwerte		
– allgemein	3,5 mA	3,5 MA
– Geräte mit Heizelementen Gesamtleistung $\geq$ 3,5 kW	1 mA/kW	–[2]
– Herde, Kochmulden, Tischkochgeräte, Backöfen u. a.[3]		
– < 6 kW	7 mA	–
– $\geq$ 6 kW	15 mA	–
– fest angeschlossene Geräte	entsprechend Gerätenorm[3]	–
Erfahrungswerte/Istwerte (übliche Werte)		
– Geräte ohne Beschaltung	> 0,1 mA	
– Geräte mit Beschaltung	1...2...4 mA	

1) Höhere Widerstandswerte sind zulässig, wenn die Sicherheit (Bild 7.8) auf andere Weise gewährleistet wird.
2) Empfohlen wird, die Werte von DIN VDE 0701 anzuwenden
3) Bei diesen Geräten wird zumeist die Möglichkeit eines örtlichen Potentialausgleichs vorgesehen und dessen Anschluss vom Errichter gefordert

Achtung!
1. Bei einigen Prüfgeräten hat der Messkreis der direkten Messung den Innenwiderstand 2000 Ω. Dies kann zu der im Bild 7.8 dargestellten Gefährdung führen.
2. Wird bei steckbaren Geräten die Messung unter Verwendung einer Leckstromzange und/oder eines Adapters durchgeführt, so können das alleinige Unterbrechen des Schutzleiters durch den Adapter nötig und somit eine Gefährdung möglich werden.

Frage 6.28 Wie ist der Zusammenhang zwischen dem Isolationswiderstand R_i und dem Ableit-/Schutzleiterstrom I_A, I_{SL}?

Als Isolationswiderstand wird der ohmsche Widerstand der Isolierungen bezeichnet, seine Messung erfolgt mit einer Gleichspannung. Die Messungen des Schutzleiter- und des Berührungsstromes werden mit einer Wechselspannung vorgenommen. Somit gehen auch die kapazitiven und induktiven

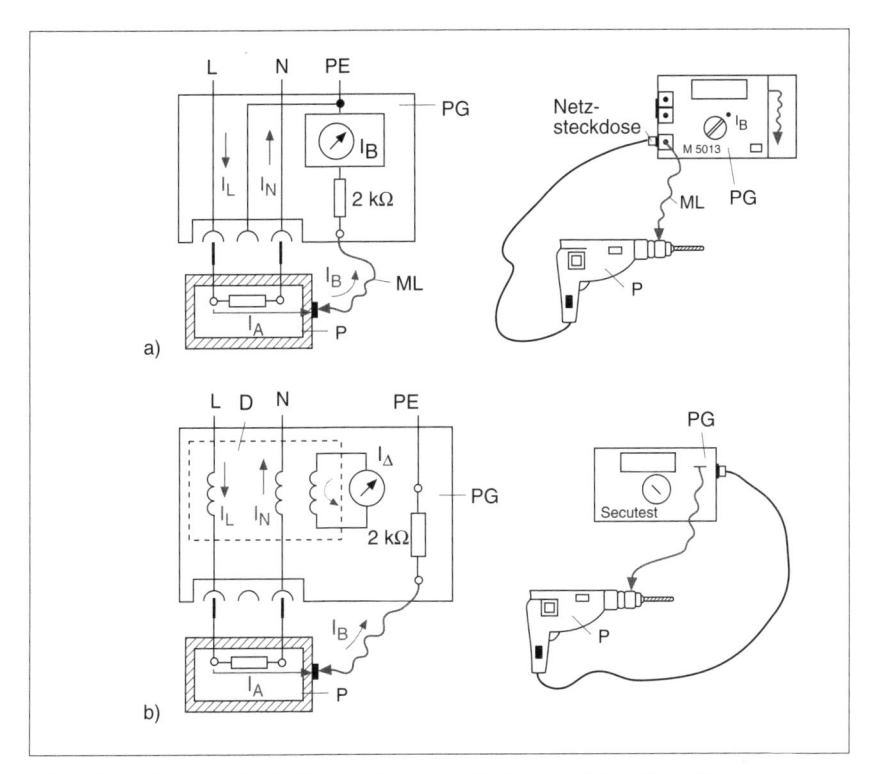

Bild 6.7 Messung des Berührungsstromes an Geräten der Schutzklasse II

a) Prinzipschaltung der direkten Messung, Beispiel für den Anschluss eines ortsveränderlichen Gerätes
b) Prinzipschaltbild der indirekten Messung, Beispiel für den Anschluss eines ortsveränderlichen Gerätes

Widerstände in die Messung ein (**Bild 6.8 g**). Ein exakter rechnerischer Zusammenhang zwischen den Strömen, den Prüfspannungen und dem ohmschen Widerstand der Isolierungen besteht daher nicht.

Außerdem sind die genannten Ströme im Allgemeinen so gering, dass die gemessenen Werte im unteren Anzeigebereich der Messgeräte liegen und daher recht ungenau sind (F 7.1). Auch aus diesem Grund lassen die Messergebnisse keinen rechnerischen Vergleich zu.

Frage 6.29 Wie ist der Zusammenhang zwischen dem Schutzleiterstrom I_{SL} und dem Ableitstrom I_A?

In den DIN-VDE-Normen als Sicherheitsnormen wird der Nachweis des Schutzleiterstroms verlangt. **Dies ist verständlich, denn die Höhe des vor-**

handenen Schutzleiterstroms – Ableitstrom bei Geräten der Schutzklasse I – ist eine Aussage über die mit einer Unterbrechung des Schutzleiters (Bild 6.8 c, d) entstehende Gefährdung für den Menschen. Der Schutzleiterstrom ist zumeist, aber eben nicht immer, mit dem Ableitstrom der Isolierungen identisch (F 6.31), er setzt sich zusammen aus

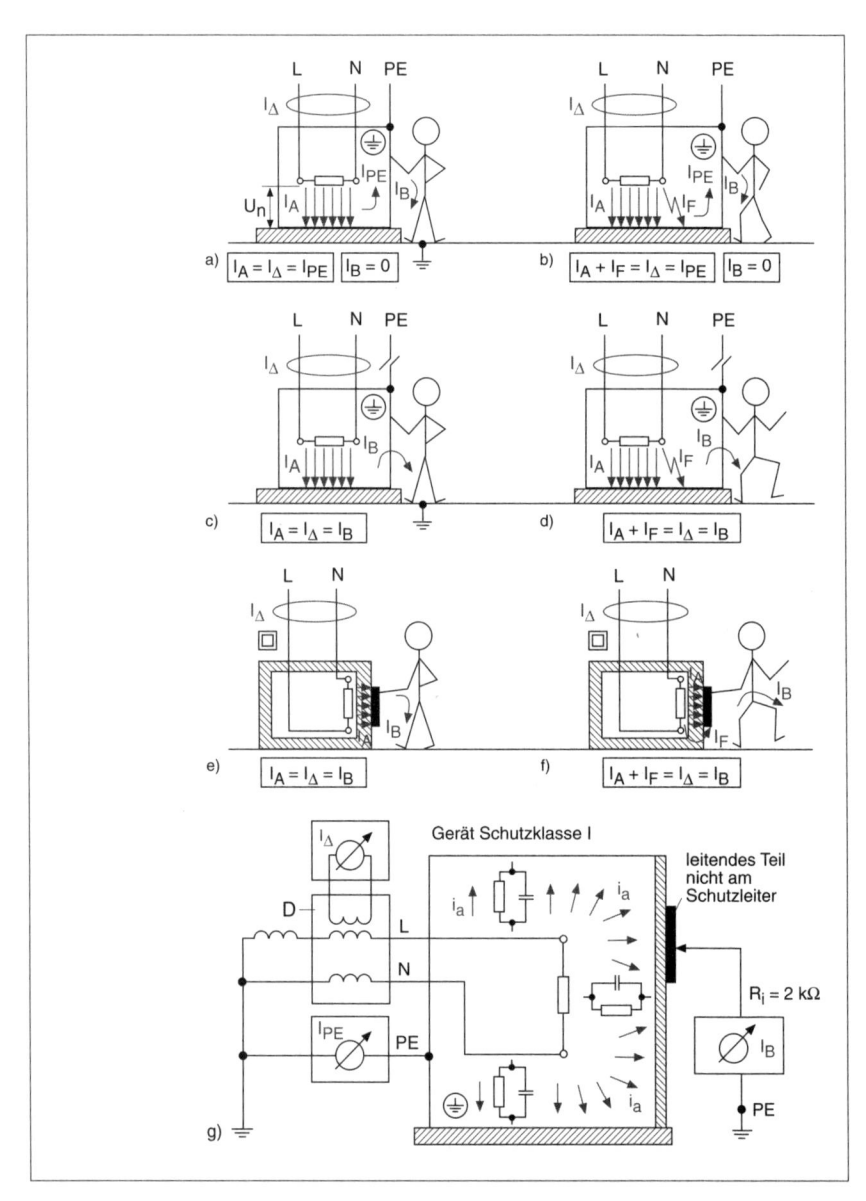

- dem über die Isolierung fließenden Ableitstrom (betriebsmäßiger Zustand) **und**
- dem bei einer eventuellen Beschaltung entstehenden zusätzlichen Ableitstrom (betriebsmäßiger Zustand) **und**
- einem eventuell fließenden Fehlerstrom (fehlerhafter Zustand).

Außerdem ist zu beachten, dass beim direkten Messen der tatsächlich im Schutzleiter fließende und gemessene Strom I_{PE} nicht immer mit dem hier gesuchten Ableitstrom (bei Geräten der Schutzklasse I Schutzleiterstrom) identisch ist. Verbindungen des Gerätekörpers mit geerdeten Teilen führen dann zu Messfehlern (F 6.31).

Frage 6.30 Darf auf die Messung des Schutzleiterstromes bzw. des Isolationswiderstandes verzichtet werden, wenn der Durchgang des Schutzleiters nachgewiesen wurde?

Natürlich nicht. Durch den Schutzleiter bzw. die „Schutzleiterschutzmaßnahme" wird gewährleistet, dass auch im Fall einer fehlerhaften Isolierung keine Gefährdung entsteht (**Bilder 6.8 a und b**). Damit sind zwei Schutzmaßnahmen wirksam, der Schutz gegen direktes Berühren (Basisschutz) und der Schutz bei indirektem Berühren durch die Schutzleiterschutzmaßnahme (Fehlerschutz). Es wäre unsinnig und ein Verstoß gegen das Schutzkonzept [3.4], auf den Basisschutz zu verzichten, weil der Fehlerschutz vorhanden ist. Damit würde eine der beiden Schutzebenen missachtet; die mögliche gefährliche Konsequenz zeigen die Bilder 6.8 c und d.

Bild 6.8   Zusammenhang des Ableit- bzw. Fehlerstroms mit dem Schutzleiter- und dem Berührungsstrom

i_a Ableitströme über Widerstände und Kapazitäten der Isolierung;
I_{PE} Im Schutzleiter fließender Strom; I_A Summe der Teilströme i_A;
I_B Berührungsstrom; I_F Fehlerstrom

a) Gerät Schutzklasse I fehlerfrei, der Schutzleiterstrom ist gleich dem Ableitstrom, keine Gefährdung im Fall einer Berührung
b) Gerät Schutzklasse I mit Isolationsfehler, der Schutzleiterstrom ist praktisch gleich dem Fehlerstrom, keine Gefährdung im Fall einer Berührung
c) Gerät Schutzklasse I fehlerfrei, Schutzleiter in der Anlage unterbrochen, bei einer Berührung kann ein Berührungsstrom in der Höhe des Ableitstromes auftreten
d) Gerät Schutzklasse I mit Isolationsfehler, Schutzleiter in der Anlage ist unterbrochen, bei einer Berührung kann ein Berührungsstrom in der Höhe des Fehlerstromes auftreten
e) Gerät Schutzklasse II fehlerfrei, bei einer Berührung kann ein Berührungsstrom in der Höhe des Ableitstromes auftreten (Tafel 4.3), keine Gefährdung
f) Gerät Schutzklasse II mit Isolationsfehler, bei einer Berührung entsteht ein Berührungstrom (Fehlerstrom)
g) Prinzipschaltung der Strommessungen an einem Gerät Schutzklasse I

Demzufolge darf keinesfalls auf den Nachweis des Isoliervermögens (Basisschutz) verzichtet werden, wenn der Schutzleiter (Voraussetzung für den Fehlerschutz) die Prüfung bestanden hat.

Frage 6.31 Welche Einflüsse können das Messergebnis für I_{SL} so verfälschen, dass eine falsche Beurteilung die Folge sein kann?

Ebenso wie beim Messen des Isolationswiderstandes kann auch hier eine nicht angeschlossen Messleitung oder ein schlechter Kontakt der Messklemme/-spitze Ursache eines nicht entdeckten Fehlers sein. Des Weiteren wird bei der direkten Messung des Schutzleiterstromes ein Kontakt des Gerätekörpers mit Erde oder einem anderen Gerät der Schutzklasse I zu einer falschen Messaussage führen, da der dann über den Schutzleiterstrom fließende Strom I_{PE} nicht mit dem gesuchten – als Schutzleiterstrom I_{SL} bezeichneten – Ableitstrom I_A identisch ist. Bei der indirekten Messung (Bild 6.6 b) kann dieser Fehler nicht auftreten.

Messen des Berührungsstroms

Die Messschaltungen sind in den Bildern 6.7 und 6.9 dargestellt. Die Grenzwerte enthält **Tafel 6.8**. Angewandt werden können die Prüfgeräte der Kategorien B und C sowie zum Teil auch solche der Kategorie A bei direktem Anschluss des Prüflings an das Versorgungsnetz.

Bisher wurde diese Prüfmethode auch schon bei der Prüfung der elektrischen Büromaschinen nach DIN VDE 0701 Teil 240 unter dem Namen „Prüfung der Spannungsfreiheit" gefordert.

Die Messung des Berührungsstromes ist anwendbar bei Geräten der Schutzklasse II mit leitenden berührbaren Teilen (Bild 6.7). Ebenso bei berührbaren leitenden Teilen an Geräten der Schutzklasse I, wenn diese nicht mit dem Schutzleiter verbunden sind (Bild 6.4 d), da ihre Isolation gegenüber den aktiven Teilen den Anforderungen der Schutzisolierung genügt (F 4.13).

Zu beachten sind folgende Messbedingungen:

1. Messungen sind in beiden Positionen des Netzsteckers und in allen Stellungen der Schalt- oder Steuergeräte vorzunehmen. Der Beurteilung des Prüflings ist der größte der gemessenen Werte zugrunde zu legen.
2. Beim Anwenden des Differenzstromverfahrens bei der Messung an leitenden nicht mit dem Schutzleiter verbundenen Teilen von Geräten der Schutzklasse I, wird die Summe des Berührungsstroms an dem jeweiligen Teil und des Schutzleiterstroms des Prüflings angezeigt.

Tafel 6.8 *Daten nach DIN VDE 0701 und DIN VDE 0702 zur Messung des Berührungsstroms*

Messgröße	Messwerte/Grenzwerte nach	
	DIN VDE 0701	DIN VDE 0702
Vorgaben für die Messung nach DIN VDE 0404		
– Innenwiderstand der Messschaltung	2000 Ω[1]	
– Messspannung	Nennnetzspannung 230 V	
Grenzwerte		
– allgemein	0,5 mA	0,5 mA
– Geräte der Informationstechnik	0,25 mA	– [2]
Erfahrungswerte/Istwerte (übliche Werte)	> 0,01 mA	

1) Dieser Wert berücksichtigt den bei einer Durchströmung im Stromweg liegenden Körperwiderstand
2) Empfohlen wird, die Werte von DIN VDE 0701 anzuwenden

Frage 6.32 Wie wird gesichert, dass der gemessene Berührungsstrom wirklich dem bei einer Berührung entstehenden Strom über den Menschen entspricht?

Dies wird durch den Aufbau der Prüfgeräte, d. h. eine Messschaltung mit einem Innenwiderstand von etwa 2000 Ω gesichert (Bild 6.7). Damit wird der Körperwiderstand des Menschen nachgebildet. Der gemessene Strom wird dann praktisch nur durch den Isolationswiderstand bestimmt und entspricht dem im ungünstigsten Fall – durchnässte Haut, Hautwiderstand null – möglichen Berührungsstrom.

Frage 6.33 Wie ist der Zusammenhang zwischen Berührungsstrom I_B, Fehlerstrom I_F und Ableitstrom I_A?

Der *Ableitstrom* wird durch die anliegende Spannung und den Widerstand (Impedanz) der Isolierung hervorgerufen. Er fließt unabhängig von einer eventuellen Berührung durch eine Person in der durch das ohmsche Gesetz bedingten Größe zum Körper des Geräts oder zu einem anderen Teil mit Erdpotenzial (Bild 6.8 a).
Das Entstehen eines *Berührungstroms* setzt eine Berührung durch den das Erdpotenzial führenden Menschen voraus. Seine Höhe hängt ebenso wie beim Ableitstrom von der Spannung und dem Widerstand der Isolierung ab, hinzu kommen der Widerstand des Menschen und sein Übergangswiderstand zur Erde. Unter bestimmten Bedingungen (Bilder 6.8 c und e) ist der *Berührungsstrom* gleich dem *Ableitstrom* bzw. im Fall eines Isolationsfehlers etwa gleich dem *Fehlerstrom* (Bilder 6.8 d und f).

Frage 6.34 Was begründet die in den Normen angegebenen Grenzwerte (Tafel 4.3) für den Ableitstrom?

Die Grenzwerte wurden aus dem Diagramm im Bild 4.4 abgeleitet. Dabei ist zu berücksichtigen, dass je nach der Schutzklasse der Geräte eine unterschiedliche Gefahrensituation besteht.

Bei Geräten der Schutzklasse II – Berührung des ordnungsgemäßen Gerätes im Betriebszustand (Bild 6.8 e) – wird gefordert, dass der *Berührungsstrom* nicht bemerkt wird, Höchstwert 0,5 mA (Bild 4.4).

Bei Geräten der Schutzklasse I kann bei einer Berührung eines ordnungsgemäßen Gerätes im Betriebszustand und auch im Fall eines Isolationsfehlers kein merkbarer Berührungsstrom entstehen (Bilder 6.8 a und b). Der Körper des Geräts hat Schutzleiter- und d. h. Erdpotenzial, somit wird ein Ableit- bzw. Fehlerstrom über den Schutzleiter abgeführt. Damit ist die Sicherheit im gleichen Maß gegeben wie beim Gerät der Schutzklasse II. Erst wenn ein weiterer Fehler, eine Schutzleiterunterbrechung auftritt (Bilder 6.8 c und d), entsteht eine Gefährdung.

Wie beim Isolationswiderstand (F 6.19) wird deutlich, die in den Normen vorgegebenen Werte grenzen die Bereiche Gefährdung/Nichtgefährdung des Menschen ab. **Sie sind somit kein alleiniger Maßstab für die Aussage, dass der Prüfling fehlerfrei oder fehlerhaft ist.**

Bei einer ordnungsgemäßen Isolation sind Ableit- und Berührungsströme sehr gering ($\leq$ 0,1 mA), so dass sie mit den handelsüblichen Messgeräten keinesfalls genau gemessen werden können (F 7.1).

> Das heißt aber, selbst wenn sich bei der Messung des Berührungs- oder Schutzleiterstromes Werte von z.B. 0,001...0,01... 1,0 mA ergeben, kann auch dies schon auf eine defekte Isolation oder eine Verschmutzung hindeuten; der Prüfer muss die Ursache klären.

In einem solchen Fall sind aber auch die Art des Gerätes und seine möglicherweise funktionsbedingten Ableitströme zu bedenken. In den Herstellernormen werden z.B. für Geschirrspülmaschinen, Warmhalte- und Kochplatten, Fritteusen und ähnliche Geräte zulässige Ableitströme von 1,0...3,5 ... 5 mA, 1mA/kW [3.23] und für Leuchten 0,5...1,0 ...5,0 mA [3.46] genannt (Tafel 4.3).

Zu beachten ist auch, dass sich der kapazitive Strom etwaiger Beschaltungen dem Ableitstrom der Isolierung überlagert und sich so trotz einwandfreier Isolierung Messwerte von 1mA ...3,5 mA ergeben können. Dann ist eine zusätzliche Isolationsmessung erforderlich, um eine zusätzliche Aussage über den Zustand der Isolierung zu erhalten.

Frage 6.35 Warum werden bei den Heizgeräten auch Ableitströme zugelassen, die zu einer merkbaren Durchströmung und somit zum Erschrecken und Folgeunfällen führen können?

Bei Geräten mit Heizwiderstand wird die Isolierung durch Feuchtigkeit beansprucht, wenn das betreffende Gerät über einen längeren Zeitraum nicht betrieben wird. Dieser Effekt ist nur schwer zu beeinflussen. Ein gegenüber dem Betriebszustand verminderter Isolationswiderstand und damit ein höherer Ableitstrom sind auch bei einem *betriebsmäßigen Gebrauch* nicht zu vermeiden. Somit ist zu entscheiden, ob und bis zu welcher Gefährdung dieser Zustand noch als zulässig angesehen werden kann. Hierbei ist zu bedenken:

- Ein Ableitstrom von 3,5 mA oder mehr tritt infolge der nach dem Einschalten zu erwartenden Erwärmung der Isolation nur kurzzeitig auf.
- Bei einem ordnungsgemäß mit dem Schutzleiter verbundenen Gerät wird dieser Strom abgeführt (Bild 6.8 a), eine Gefährdung kann nicht entstehen.
- Großgeräte mit mehr als 6 kW Heizleistung werden vornehmlich gewerblich genutzt, eine Belehrung der Mitarbeiter und eine Wiederholungsprüfung können vorausgesetzt werden. Hinzu kommt, dass diese Großgeräte fest montiert und zumeist über zuverlässige CE-Stecker angeschlossen werden, der Schutzleiter einen relativ hohen Querschnitt hat und oft auch über den Standort oder leitende Systeme ein Potenzialausgleich erfolgt.

Die Wahrscheinlichkeit, dass dieser Ableitstrom im Falle einer Berührung zum Berührungsstrom wird, ist also sehr gering. Aus den genannten Gründen ist es vertretbar, einen Ableitstrom von 3,5 mA bzw. 7 mA zuzulassen, der noch nicht zu Verkrampfungen führen kann (Bild 4.4). Die heute im Handel erhältlichen Geräte verfügen meist bereits über eine so gute Isolierung der Heizkreise, dass eine derartige Minderung des Isolationswiderstandes nicht erfolgt.

Messverfahren „Ersatz-Ableitstrommessung"

Mit diesem Messverfahren kann auf einfache Weise der Ableitstrom, d. h.
- sowohl der Schutzleiterstrom bei Geräten der Schutzklasse I
- als auch der Berührungsstrom bei Geräten der Schutzklasse II
ermittelt werden.
Die Merkmale dieser im **Bild 6.9** dargestellten Messschaltung sind:
- Ein Gerät mit netzspannungsabhängigen Schalteinrichtungen kann auf diese Weise nicht geprüft werden.
- Keine exakte Nachbildung der Betriebsbedingungen, da die Messspannung (bis 42 V) nicht der Nennspannung des Prüflings entspricht. Die

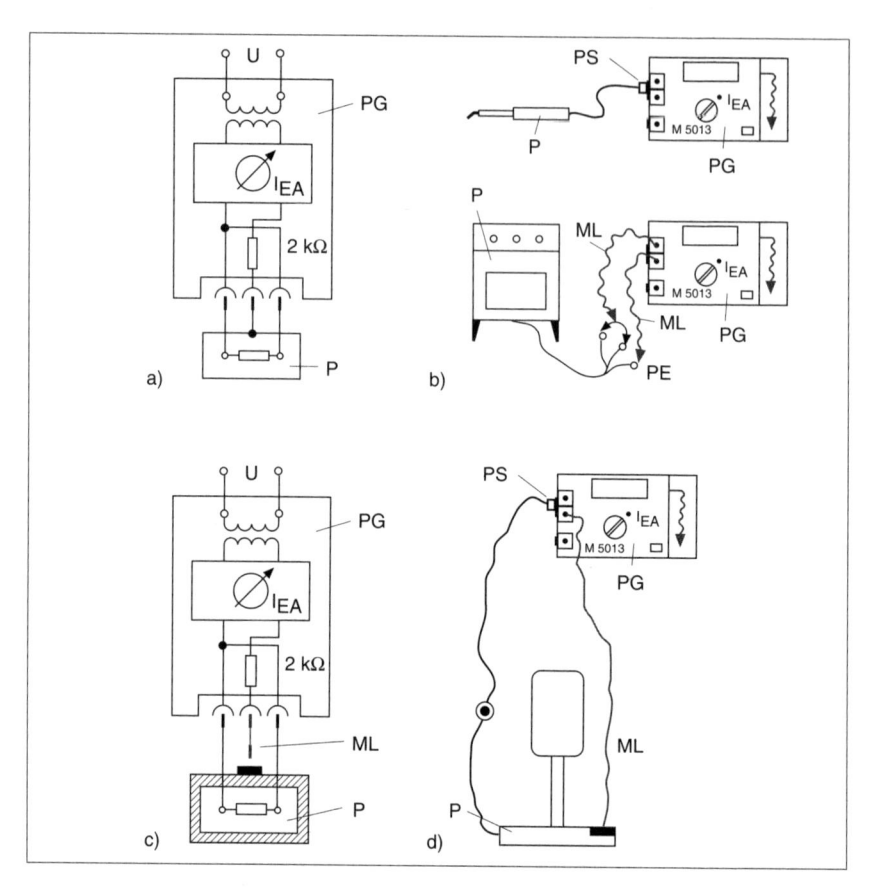

Bild 6.9 *Ersatz-Messschaltung für das Messen des Ableitstroms (üblich: Verfahren der Ersatzableitstrommessung)*

PG Prüfgerät; P Prüfling; PS Prüfsteckdose; ML Messleitung

a) Prinzipschaltung für das Messen des Schutzleiterstroms bei Geräten der Schutzklasse I
b) Beispiel für den Einsatz eines Prüfgeräts bei einem Prüfling der Schutzklasse I
c) Prinzipschaltung für das Messen des Berührungsstroms bei Geräten der Schutzklasse II
d) Beispiel für den Einsatz eines Prüfgeräts bei einem Prüfling der Schutzklasse II

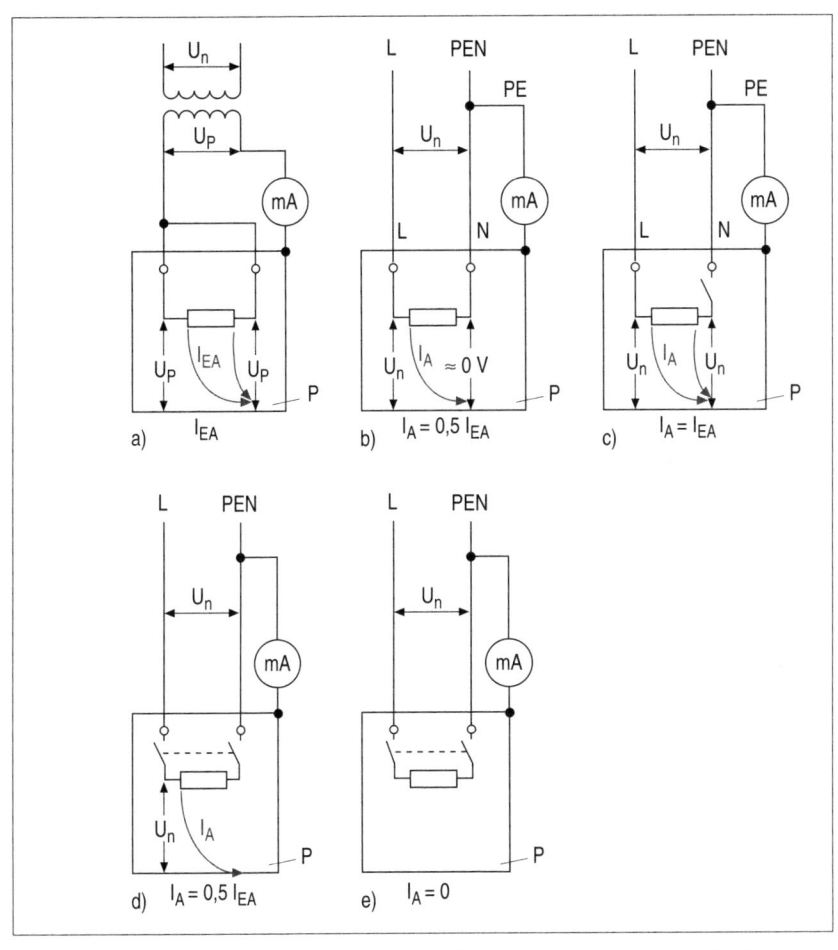

Bild 6.10 Vergleich der mit der Ersatzmessschaltung gemessenen Ersatzableitströme mit denen, die sich bei verschiedenen Betriebszuständen bzw. mit dem Verfahren der direkten Messung ergeben

U_P Prüfspannung; U_n Netzspannung; P Prüfling

a) Messung des Ersatzableitsstromes mit einer Prüfschaltung
b) Messung des Ableitstromes im Originalbetrieb
c) Messung des Ableitstromes an einem Gerät, das durch Öffnen des im Neutralleiters angeordneten einpoligen internen Schalters ausgeschaltet wurde
d) Messen des Ableitstroms bei einem Gerät mit zweipoligem Ausschalter, Stellung „Ein"
e) Messen des Ableitstroms bei einem Gerät mit zweipoligem Ausschalter, Stellung „Aus"

Isolierungen werden nicht im gleichen Maß beansprucht wie bei den anderen Messverfahren.
- Es ist eine Umrechnung des gemessenen Ableitstroms auf den bei 230 V auftretenden Ableitstrom erforderlich, dies wird bei den Prüfgeräten nach DIN VDE 0404 automatisch vorgenommen.
- Mit der Messschaltung (**Bild 6.10 a**) wird nur der in einem ganz bestimmten von mehreren in der Praxis möglichen betrieblichen Zuständen (Bild 6.10 c) auftretende Ableitstrom ermittelt.
Das heißt z. B.
- bei Prüflingen mit einem zweipoligen Ausschalter (Bild 6.10 d) ist der beim Prüfen gemessene Ersatzableitstrom doppelt so groß, wie der in ihrem Betriebszustand tatsächlich auftretende Ableitstrom, so dass bei solchen Geräten der Messwert zu halbieren und erst dann mit dem Grenzwert zu vergleichen ist.
- Höhere Arbeitssicherheit als bei den anderen Messverfahren durch die sichere Trennung der Messschaltung und des Prüflings vom Netz.

Damit ergeben sich folgende Messbedingungen:
- Ein Umpolen des Anschlusssteckers ist nicht erforderlich. Es ist jedoch in allen Stellungen der Schalter des Prüflings zu messen.
- Eine isolierte Aufstellung gegenüber Erde ist nicht erforderlich.
- Das Ermitteln des Ableitstroms mit dieser Ersatzschaltung ist nur beim Vorliegen bestimmter Voraussetzungen (erfolgreich abgeschlossene Isolationswiderstandsmessung) zugelassen.
- Da mit dieser Messung der Schutzleiter- bzw. der Berührungsstrom ermittelt wird, gelten die Grenzwerte der Tafeln 6.7 und 6.8, es gibt es keine gesonderten Grenzwerte für den „Ersatzableitstrom".

Frage 6.36 Wie ist der Zusammenhang zwischen dem Ersatzableitstrom I_{EA} und dem unter Betriebsbedingungen entstehenden Ableitstrom I_A?

Zwischen beiden besteht – abgesehen von der durch die abweichende Messspannung auch unterschiedliche Stromhöhe – kein Unterschied. Beide sind echte Ableitströme, beide gestatten eine Bewertung der Isolation und der Sicherheit des Geräts. Insofern ist die seinerzeit eingeführte und nunmehr gebräuchliche Bezeichnung „Ersatz"-Ableitstrom irreführend. Mit der Ersatz-Messschaltung wird ebenso wie mit den anderen beiden Messverfahren ein den Zustand des Geräts kennzeichnender echter Ableitstrom (Schutzleiter- oder Berührungsstrom) ermittelt.

Frage 6.37 Warum wurde und wird noch in DIN VDE 0702 sowie in der Literatur die Ersatz-Ableitstrommessung als selbstständige Prüfmethode bezeichnet?

Erst mit dem Einführen der Prüfmethoden Schutzleiter- und Berührungsstrommessung bei Netzspannung wurde das Messen des Ableitstroms bei der Prüfung elektrischer Geräte systematisiert. Zuvor wurden folgende Prüfmethoden angewandt, die noch heute in der genannten Norm und der Literatur beschrieben werden:

1. Bei Geräten der Schutzklasse I wurde der sich bei einer Ersatz-Schaltung und einer „Ersatz-Spannung" ergebende Ableitstrom (Ersatzableitstrom) gemessen. Es erfolgte dann – in der Regel durch das Prüfgerät – eine Umrechnung auf den Wert, der sich bei der Anwendung der Netzspannung ergeben würde. Diese Verfahrensweise entspricht nunmehr dem Ermitteln des Schutzleiterstroms mit dem Messverfahren der Ersatz-Ableitstrommessung. Mit dem so genannten Ersatzableitstrom wurde somit schon immer der dem Schutzleiterstrom entsprechende Ableitstrom gemessen.
2. Bei der Prüfung von einigen Gerätearten der Schutzklasse II wurde die Messung des Berührungsstroms mit Netzspannung schon immer vorgenommen und als „Prüfen der Spannungsfreiheit" bezeichnet. Neu ist, dass auch diese Messung nunmehr mit der Methode der Ersatz-Ableitstrommessung (Bild 6.9 c) erfolgen kann.

Frage 6.38 Wie ist zu erklären, dass die ursprünglichen und in DIN VDE 0702 auch jetzt noch vorgegebenen Grenzwerte für den Ersatzableitstrom (Schutzleiterstrom) herabgesetzt wurden?

Bei der ursprünglichen Festlegung der Grenzwerte wurde davon ausgegangen, dass beim Ersatz-Ableitstrommessverfahren die Spannung zwischen allen aktiven Teilen und dem Körper des Geräts anliegt (Bild 6.10 a), was bei einem in Betrieb befindlichen Gerät (Bild 6.10 b) nicht der Fall ist. Daraus wurde abgeleitet, dass die mit der Ersatz-Ableitstrommessschaltung gemessene Ersatzableitstrom etwa doppelt so groß ist, wie der im Betriebszustand tatsächlich fließende Ableitstrom. Es musste damit für den Ersatz-Ableitstrom (Schutzleiterstrom) ein Grenzwert zugelassen werden (7 mA/15 mA) der doppelt so gross ist wie der als Ableitstrom zulässige Wert.

Bei dieser Betrachtung wurde aber übersehen, dass bei einem mit dem Netz verbundenen aber nicht eingeschalteten Gerät (Bild 6.10 c) die gleiche Spannungsverteilung auftritt wie bei der Ersatz-Ableitstrommessschaltung. Das heißt, der mit der Ersatzschaltung gemessene Ersatzableitstrom ist ebenso groß, wie der in einem – dem ungünstigsten – Betriebszustand mögliche

Ableitstrom. Dieses Versehen wurde nunmehr mit der Neuausgabe von DIN VDE 0701 Teil 1 9/00 korrigiert. Die Veränderung ist auch bei den Wiederholungsprüfungen nach DIN VDE 0702 zu berücksichtigen.

Da der Ersatzableitstrom lediglich eine Bezeichnung für den mit der Ersatzschaltung ermittelten Schutzleiter- bzw. Berührungsstrom ist, konnten die Grenzwerte für den Ersatzableitstrom gänzlich gestrichen werden.

6.6 Nachweis des Isoliervermögens durch eine Spannungsprüfung

Mit der Spannungsprüfung bzw. dem Nachweis der Spannungsfestigkeit steht eine weitere Prüfmethode zum Nachweis des Isoliervermögens zur Verfügung. Bedingt durch das dann erforderliche Hochspannungsprüfgerät beschränkt sich ihre Anwendung vorwiegend auf Prüfungen in der Werkstatt. Gefordert wird sie nur bei der Prüfung nach Instandsetzung bestimmter Geräte (Tafel 6.6). Die Daten der Prüfung enthält Tafel 6.6, Beispiele für Hochspannungsprüfgeräte zeigt Bild 7.6 im Anhang 2.

Frage 6.39 Welche Vor- und Nachteile hat eine Spannungsprüfung?

Infolge der relativ hohen Spannung werden bei dieser Prüfung verschmutzte Kriechstrecken und zu geringe Abstände der aktiven Teile zum Gehäuse erkannt. Dies ist ein Vorteil gegenüber allen anderen Methoden. Nachteilig ist, dass ein gesonderter Prüfgang mit einem relativ umständlich zu handhabenden Gerät notwendig ist. Bei Geräten mit elektronischen Bauelementen sollte diese Prüfung nicht oder nur unter Beachtung einiger Vorsichtsmaßnahmen (F 6.20) angewendet werden.

Frage 6.40 In welchen Fällen ist diese Prüfmethode anzuwenden?

Anzuwenden ist die Hochspannungsprüfung selbstverständlich dann, wenn eine Werkstatt normgerechte Instandsetzungen an den oben genannten Geräten durchführt. Darüber hinaus sollte man diese Prüfmethode nutzen, wenn ein solches Prüfgerät ohnehin vorhanden ist und eine Beurteilung des Zustandes im Inneren eines Gerätes (Verschmutzung, mechanische Einflüsse) dadurch auf einfache Weise möglich wird. Ebenso lassen sich durch diese Prüfung auch Isolationsfehler innerhalb von Steckverbindern finden, die ja nur in Ausnahmefällen geöffnet werden. Möglich ist es mitunter auch, lose Klemmstellen in der Steckvorrichtung zu erkennen, indem Eingang und Ausgang des betreffenden Leiters mit der Hochspannung beaufschlagt werden.

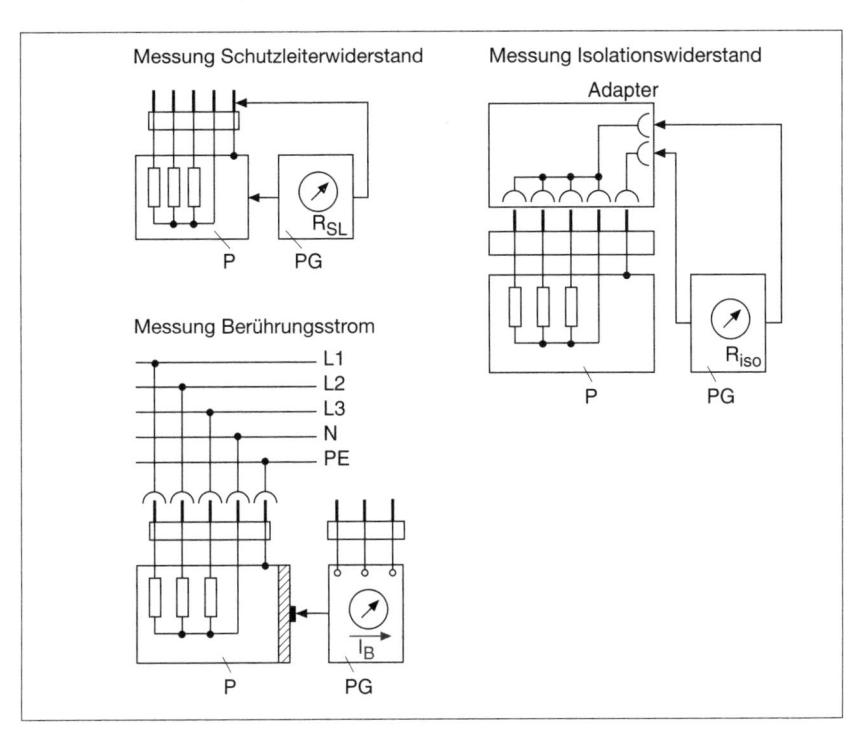

Bild 6.11   Messung des Schutzleiter- und des Isolationswiderstands sowie des Berührungsstroms an einem dreiphasigen Gerät

Frage 6.41 Besteht bei der Hochspannungsprüfung eine Gefährdung für den Prüfer?

Nein, zumindest nicht in elektrischer Hinsicht, wenn der Prüfstrom auf 3,5 mA begrenzt ist. Es kann natürlich ebenso wie bei der Messung des Isolationswiderstandes durch den bei einer Berührung entstehenden Körperstrom eine Schreckreaktion hervorgerufen werden. Bei einigen Geräten ist ein höherer Prüfstrom einstellbar, wie z. B. für Maschinensteuerungen nach DIN VDE 0113 eine Prüfleistung von 500 VA verlangt wird (Bild 7.6 a).

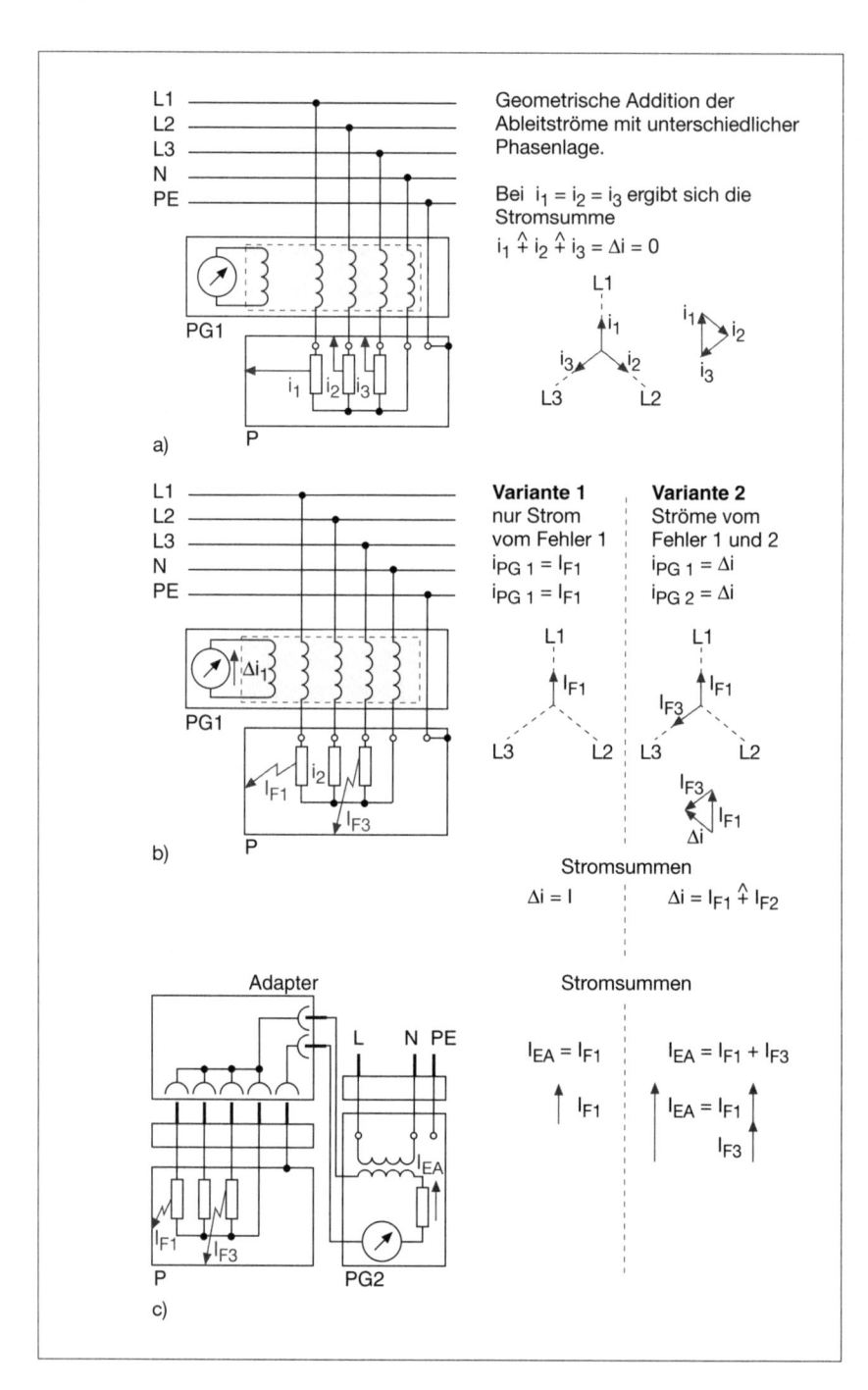

Geometrische Addition der Ableitströme mit unterschiedlicher Phasenlage.

Bei $i_1 = i_2 = i_3$ ergibt sich die Stromsumme
$$i_1 \overset{\wedge}{+} i_2 \overset{\wedge}{+} i_3 = \Delta i = 0$$

a)

Variante 1	Variante 2
nur Strom vom Fehler 1	Ströme vom Fehler 1 und 2
$i_{PG\,1} = I_{F1}$	$i_{PG\,1} = \Delta i$
$i_{PG\,1} = I_{F1}$	$i_{PG\,2} = \Delta i$

b)

Stromsummen

$\Delta i = I$ $\quad\quad$ $\Delta i = I_{F1} \overset{\wedge}{+} I_{F2}$

c)

Stromsummen

$I_{EA} = I_{F1}$ $\quad\quad$ $I_{EA} = I_{F1} + I_{F3}$

I_{F1} $\quad\quad$ $I_{EA} = I_{F1}$

$\quad\quad\quad\quad\quad\quad$ I_{F3}

6.7 Sonstige Prüfaufgaben

Zu den Sicherheitsprüfungen gehört auch der **Nachweis der Funktion** eventuell vorhandener **Schutzeinrichtungen**. Dies können z. B. sein: Fehlerstromschutzschalter, Überstromschutzeinrichtungen, mechanisch wirkende Schutzvorrichtungen, Fangkörbe (Leuchten).
Neben dem Besichtigen, dem Erproben mechanischer Funktionsabläufe mit der Hand sind Messungen vorzunehmen, soweit dies, wie beim FI-Schutzschalter, auf sinnvolle Weise möglich ist [3.6] [5.5] [5.11] [5.13]. In jedem Fall wird mit der Unterschrift unter das Prüfprotokoll auch die Wirksamkeit aller Schutzeinrichtungen bestätigt.
Der **Nachweis der Gesamtfunktion des geprüften Gerätes** gehört natürlich auch zur Prüfung (F 5.4). In welchem Umfang er erforderlich ist, und inwieweit er unter den Werkstattbedingungen erfolgen kann, muss vom Prüfer entschieden werden. Im Allgemeinen genügt eine Kontrolle
– der Wirkungsweise (Heizwirkung, Drehbewegung Leuchtfunktion) und damit
– der Strom-/Leistungsaufnahme,
wie sie mit einigen Prüfgeräten (Bilder 7.2, 7.3 und 7.5, s. Anhang 2) problemlos möglich ist.
Wird die **Prüfung von fest angeschlossenen Geräten** verlangt, so ist zu entscheiden, ob sie im Zusammenhang mit der Anlage oder als Einzelgerät

Bild 6.12 Messung des Schutzleiterstroms (Summe der Ableitströme aller Aussenleiter) an einem dreiphasigen Gerät der Schutzklasse I.
Lastströme sowie Beschaltungen und deren Ableitströme nicht eingezeichnet.

PG 1 Prüfadapter (Bild 7.7), PG 2 beliebiges Prüfgerät (Bilder 7.1 bis 7.3),
P Prüfling, i Ableitströme, I_F Fehlerströme, PL Prüfling, Δ_i Differenzstrom,
I_{EA} Ersatzableitstrom

a) **Die Ableitströme aller Aussenleiter sind gleichgroß**, angezeigt wird die Stromsumme Null
b) **Unterschiedliche Ableitströme in den Aussenleitern**, Messung nach dem Differenzstromverfahren
Variante 1: Fehler im Aussenleiter 1, Fehlerstrom des Aussenleiters 1 wird angezeigt.
Variante 2: Fehler in zwei Aussenleitern, Differenzstrom (**geometrisch** addierte Fehlerströme) wird angezeigt, Stromsumme ist kleiner als jeder der beiden Fehlerströme.
c) **Unterschiedliche Ableitströme in den Aussenleitern**, Messung nach dem Ersatzableitstrommessverfahren.
Variante 1: Fehler im Aussenleiter 1, Fehlerstrom des Aussenleiters 1 wird angezeigt.
Variante 2: Fehler in zwei Aussenleitern, **arithmetische** Summe der Fehlerströme wird angezeigt.

geprüft werden sollen. Die Einzelprüfung kann mit den gleichen Methoden und Prüfgeräten erfolgen, wie dies für die ortsveränderlichen Geräte in den Normen vorgegeben wird (Bilder 7.1 bis 7.9).

Bei **Geräten, die mit einer Kondensatorbeschaltung** oder aus anderen Gründen mit Kondensatoren ausgerüstet sind, ist festzustellen, ob an den Steckstiften oder anderen zugänglichen aktiven Teilen nach der Abschaltung eine Spannung auftritt. Es muss durch das Gerät selbst sichergestellt sein, dass eine Sekunde nach dem Trennen vom Netz keine Spannung über 60 V vorhanden ist [5.5].

Bei der **Prüfung nach der Instandsetzung** [3.25] ist zu kontrollieren, ob die Reparatur sachgemäß und unter Beachtung aller in den betreffenden Normen [3.23 f] vorhandenen Festlegungen sowie etwaiger Anpassungsforderungen [1.2] erfolgte. Ebenso sind die bei besonderen Geräten z.B. Warmwasserspeichern und asbesthaltigen Heizgeräten bestehenden gesetzlichen oder betrieblichen Festlegungen zu berücksichtigen [5.12].

Bei der **Prüfung von Drehstromgeräten** ist zu beachten, dass die Prüfgeräte mit wenigen Ausnahmen (Bilder 7.5 und 7.6 im Anhang 2) nur zur Prüfung von Geräten mit Wechselstromsteckverbindern vorgesehen sind. Es empfiehlt sich, für das Messen des Schutzleiter- und des Isolationswiderstandes einen Adapter anzuschaffen oder herzustellen (**Bild 6.11**). Wird der Schutzleiterstrom gemessen, so ist zu beachten, dass symetrische Fehler oder die Auswirkungen symetrischer Beschaltungen in allen drei Phasen nicht bemerkt werden. Diese Einflüsse werden aber bei der Messung des Schutzleiterstroms mit der Ersatzableiterstromschaltung festgestellt, da sich die Stöme dann arithmetisch addieren (**Bild 6.12**).

7 Prüf- und Messgeräte

7.1 Eigenschaften der Prüfgeräte

Für die im Abschnitt 6 genannten, nach den Normen DIN VDE 0701 und 0702 durchzuführenden Messungen sind Prüfgeräte einzusetzen, die nach DIN VDE 0404 „Geräte zur sicherheitstechnischen Prüfung elektrischer Betriebsmittel" hergestellt worden sind. Bei ihnen kann vorausgesetzt werden, dass
- die prüftechnischen Vorgaben (Stromart und -höhe, Spannungsart und -höhe usw.) und
- **die zur richtigen Beurteilung des Zustands der Prüflinge nötige eindeutige Messaussage** sowie
- **Sicherheit und Gesundheitsschutz des Prüfenden** (Berührungsschutz, Strombegrenzung usw.)

gewährleistet sind.

Es ist darauf zu achten, dass die zur Anwendung kommenden Geräte ein VDE- oder GS-Zeichen aufweisen und somit die Herstellung nach der genannten Norm [3.14] bestätigt wird. Anderenfalls besteht die Möglichkeit, dass der Prüfer das Messergebnis bzw. das Sicherheitsniveau des jeweiligen Prüflings falsch beurteilt und ein fehlerhaftes Gerät zum weiteren Benutzen freigibt.

Aber auch wenn diese Geräte alle nach der gleichen Norm hergestellt wurden, sind sie natürlich je nach Hersteller unterschiedlich gestaltet sowie mit den jeweils zur Verfügung stehenden Prüfverfahren und dem gebotenen Prüfkomfort für unterschiedliche Anwendungsfälle mehr oder weniger gut geeignet. Im Wesentlichen bestehen folgende Unterscheidungsmerkmale, die bei der Auswahl zu beachten sind:

1. Zur Verfügung stehende Prüfverfahren
Nicht alle Prüfgeräte lassen alle nach DIN VDE 0701 und 0702 erforderlichen Messverfahren zu.
– Nur mit einigen Prüfgeräten können alle oder spezielle Prüflinge – z. B. medizinische elektrische Geräte nach DIN VDE 0751 [3.54] oder

Maschinenausrüstungen nach DIN VDE 0113 – vollständig geprüft werden (**Tafel 7.1**).
– Bei den komfortablen Geräten stehen – außer den zur Prüfung nach den Normen erforderlichen – weitere Prüfverfahren (Messen von Strom, Spannung, Temperatur, Kapazität o.ä.) zur Verfügung.

2. **Anschlussart der Prüflinge**
– Der Anschluss erfolgt nur über Steckdosen und/oder Einzelbuchsen.
– Der Anschluss erfolgt nur über einen oder, je nach Prüfgang, über verschiedene Ausgänge (Steckdosen).

3. **Art der Versorgung des Prüfgeräts insgesamt oder bei den einzelnen Prüfverfahren**
– Die Prüfung erfolgt mit Batterie oder Netzspannung.
– Bei der Versorgung mit Netzspannung ist der Prüfling vom Netz galvanisch getrennt oder direkt angeschlossen.

4. **Art der Messwertanzeige/-ausgabe**
– Analoge oder digitale Anzeige des Messwertes oder Ja-/Nein-Aussage durch optische oder akustische Zeichen
– Ausgabe gedruckter Messwerte
– Schnittstelle zur Messwertübertragung an PC-Systeme

5. **Umfang und Art des Prüfkomforts**
– Automatischer Prüfablauf
– Nutzung der Differenzstrommessung auch als Schutzfunktion (RCD, $I_{\Delta n}$ = 30 mA) für den Prüfer
– Informationen über Prüfschaltung, Grenzwerte usw. über das Display
– Einstellbare Grenzwertvorgaben, Sprachen usw.

Tafel 7.1 Erforderliche Prüfgeräte in Abhängigkeit von der Prüfaufgabe

Art der Prüfung	Zu prüfen sind Geräte	
	ohne	mit
	elektrisch zu betätigende(n) Schalteinrichtungen	
Wiederholungsprüfungen nach DIN VDE 0702		**Kategorie A**, nicht alle z. B. nur Bild 7.1 d
– Schutzklasse I	**Kategorie A, B** und **C**, alle	**Kategorie B**, nicht alle z. B. nur Bild 7.2 d und e **Kategorie C**, alle
– Schutzklasse II		**Kategorie A, B** und **C**, alle
Prüfungen nach Instandsetzung nach DIN VDE 0701	**Kategorie A**, nicht alle z. B. nur 7.1 d	
– Schutzklasse I	**Kategorie A, B** und **C**, alle	**Kategorie A**, nicht alle z. B. nur Bild 7.1 d und e
– Schutzklasse II		**Kategorie B und C**, alle

Die Aufstellung im Anhang 2 zeigt eine Auswahl der derzeit auf dem Markt befindlichen in der Praxis angewandten und bewährten Prüfgeräte.

7.2 Auswahl der Prüfgeräte

Die zur Verfügung stehenden Prüfgeräte – meist als 0701-Tester o. ä. bezeichnet – bieten dem Prüfenden viele Möglichkeiten, sich *sein* Gerät auszusuchen. Vor der Anschaffung ist zu klären:
- welche Arten elektrischer Geräte zur Zeit und vielleicht künftig geprüft oder instandgesetzt werden sollen und ob für diese dann auch die Vorgaben von DIN VDE 0751 (medizinische elektrische Geräte) oder DIN VDE 0113 (Ausrüstungen von Maschinen) zu berücksichtigen sind,
- ob das Prüfgerät auch zum Nachweis der Funktion verwendet wird,
- wie oft und durch wen damit gearbeitet werden soll,
- ob die Prüforganisation in die betriebliche Gesamtorganisation mit PC-Vernetzung einzubeziehen ist und demzufolge Prüfgeräte mit Speicher und PC-Schnittstelle erforderlich sind,
- ob die Messgeräte auch zur Anlagenprüfung eingesetzt werden (Geräte nach [3.18]) und Multimeterfunktionen aufweisen sollen,
- ob auch das Messen von Schutzleiter- und Berührungsstrom beabsichtigt ist,
- inwieweit bei Zwischenprüfungen o. ä. der Einsatz von einfachen Prüfgeräten mit Ja/Nein-Aussage (Bild 7.4) sinnvoll ist.

Weiterhin haben die im Folgenden genannten Zusammenhänge Einfluss auf die Auswahl:

1. Anzahl und Art der Prüfungen

Wird nur gelegentlich geprüft, so sind einfache Messgeräte zu empfehlen (**Bild 7.1**, Anhang 2). Da nunmehr aber die Messungen des Schutzleiter- und des Berührungsstroms mit Nennspannung gefordert werden, kommen die bisher üblichen Prüfgeräte (Bilder 7.1 a bis 7.1 c) für Neuanschaffungen kaum noch infrage. Bei den komfortableren Messgeräten (**Bild 7.2**) ist eine ihrem Anschaffungspreis und ihren Möglichkeiten entsprechende rationale Anwendung zu erreichen, wenn sie häufig, d. h. mehrfach an mehreren Tagen der Woche, zur Anwendung kommen.
Werden neben den Sicherheitsprüfungen auch Funktionsprüfungen mit der Messung von z. B. Strom oder Leistung durchgeführt, so sind Geräte entsprechend **Bild 7.3** zu empfehlen.
Wird eine Automatisierung der Prüfung erforderlich und/oder soll die Organisation der Prüfung über die EDV abgewickelt werden, so sind Prüfgeräte nach den Bildern 7.3 anzuschaffen.

2. Ort und Zeitdauer der Prüfung

Erfolgt das Prüfen beim Anwender (Wohnung, Baustelle usw.), so bestimmt die Art der zu prüfenden Geräte das anzuwendende Messgerät. Bestehen in dieser Hinsicht keine besonderen Anforderungen, so sollte trotzdem ein Prüfgerät zur Verfügung stehen, das universell einsetzbar ist (Bild 7.2).
Sind derartige Aufgaben häufig zu erledigen und nehmen sie jeweils einen längeren Zeitraum in Anspruch, so ist der Einsatz einer transportablen Prüftafel (**Bild 7.5 a**) sinnvoll. Mit ihr kann dann am Ort der Prüfung ein ordnungsgemäßer zeitweiliger Prüfplatz (F 9.4) eingerichtet werden.

3. Art der zu prüfenden Geräte

Sind spezielle Geräte oftmals zu prüfen, so sollte ein ihnen angepasstes Prüfgerät verwendet werden. Der typische Fall dafür sind die speziell zum Prüfen von Verlängerungsleitungen geeigneten Prüfgeräte (**Bild 7.7**) und die Prüfgeräte mit hohem Prüfstrom (**Bild 7.4 a**).

4. Möglichkeit einer Gefährdung

Sind Instandsetzungen durchzuführen oder können bei Wiederholungsprüfungen Gefährdungen auftreten, z. B. wenn häufig mit defekten Prüflingen zu rechnen ist, so sollte in der Werkstatt ein ortsfester (Bilder 7.5 b und c) oder beim Kunden ein zeitweiliger Prüfplatz (Bild 7.5 a) eingerichtet werden.

5. Anlass der Prüfung

Handelt es sich weder um eine Prüfung nach Instandsetzung noch um eine turnusmäßige Wiederholungsprüfung, sondern wird z. B. ein Gerät
– nach seinem Einsatz vom Lagerverwalter (unterwiesene Person) zurückgenommen und einer Kontrolle unterzogen oder
– auf einer Baustelle von fremden Gewerken ausgeliehen und vor seinem Einsatz dann vorsichtshalber doch nochmals kontrolliert,

so genügt die Anwendung einfacher Handgeräte (Bilder 7.1 und 7.3) oder von Prüfgeräten mit einer Ja/Nein-Aussage (Bild 7.4 a).

6. Form der Protokollierung/Erfassung der Messdaten

Erfordert die Anzahl der Prüfungen eine rationelle Erfassung und Speicherung der Daten, so sind dafür die Geräte im Bild 7.3 geeignet. Mit ihnen sind auch die Bearbeitung der Daten und der Prüfprotokollausdruck über einen PC zu organisieren.

7. Sonstiges

Möglich ist es auch, die zum Prüfen der Anlagen dienenden Messgeräte wie in Bild 7.7 d zu verwenden. Die messtechnischen Aufgaben werden von diesen nach DIN VDE 0413 [3.18] hergestellten Geräten gleichermaßen erfüllt. Der wesentliche Unterschied gegenüber den Geräten für die Geräteprüfung besteht darin, dass sie auch bei einem versehentlichen Anlegen einer Fremdspannung, z. B. der Netzspannung der zu prüfenden Anlage, nicht beschädigt werden. Nachteilig ist, dass der Anschluss der zu prüfenden Geräte über zusätzliche Messleitungen oder selbst hergestellte Adapter erfolgen muss. Für die Hochspannungsprüfung sind Geräte zu verwenden (**Bild 7.6**),
– deren Prüfstrom auf 3,5 mA begrenzt ist und
– die mit Prüfspitzen oder ähnlichem gegen Berühren geschützen Anschlussmitteln ausgerüstet sind.

7.3 Besonderheiten beim Anwenden der Prüfgeräte

Im Abschnitt 6 wurden die einzelnen Prüfschritte und damit das Anwenden der Prüfgeräte bereits ausführlich dargelegt. Trotzdem soll hier auf einige Besonderheiten der Prüfgeräte und der Prüfverfahren eingegangen werden, die der Prüfer im Interesse seiner Sicherheit und einer rationellen, ordnungsgemäßen Prüfung kennen und beachten sollte. Diese Bemerkungen gelten auch für Prüftafeln (Bild 7.5), in denen die hier vorgestellten Prüfgeräte zum Einsatz kommen.

Schutzkontakte der Prüf- und Netzsteckdose

Bei der **Prüfsteckdose** wird der Schutzkontakt lediglich für Messzwecke benutzt und hat keinerlei Schutzfunktion. Der Messkreis (Sekundärkreis des Trenntransformators) benötigt keine Verbindung zum Schutzleiter des Versorgungsnetzes. Trotzdem ist bei einigen Prüfgeräten der Schutzkontakt der Prüfsteckdose fest mit dem Schutzleiter des Netzes verbunden. Auch bei Prüftafeln nach Bild 7.5 ist dies mitunter der Fall, obwohl dort die Verbindung des Schutzkontaktes zum Schutzleiter nur vorhanden sein muss, wenn die Steckdose mit der Funktion „Netzsteckdose" betrieben wird.
Infolge dieser Verbindung zum Schutzleiter können Fehlmessungen bzw. Fehlbeurteilungen entstehen, wenn die zum Messkreis gehörenden berührbaren leitfähigen Teile des Prüflings (Körper-)Kontakt mit einem das Erdpotenzial führenden Teil bekommen.

Es sollte daher immer geklärt werden, ob eine solche Verbindung des Schutzleiterkontaktes besteht und außerdem darauf geachtet werden, dass die betreffenden Teile des Prüflings während der Messung gegenüber Teilen mit Erdpotenzial isoliert sind.

Die **Netzsteckdose** und auch die Anschlusssteckdose der Geräte nach Bild 7.3, zumindest im Fall der entsprechenden Netzfunktion, muss immer mit dem Schutzleiter verbunden – durchgeschleift – sein. Ob das so ist – auch Prüfgeräte sind zu prüfende ortsveränderliche Geräte – muss bei der regelmäßigen Kontrolle (F 7.6) geprüft werden.

Umschaltung zwischen Prüf- und Netzsteckdose

Um die ordnungsgemäße Prüfung zu gewährleisten und auch um die Gefährdung des Prüfers möglichst klein zu halten, müssen die Prüfgänge an der Prüfsteckdose vor denen an der Netzsteckdose erfolgen. Bei den **Prüfgeräten nach Bild 7.2** muss der Prüfer diese Reihenfolge gewährleisten. Aus diesem Grund muss bei diesen Prüfgeräten
– eine deutliche Kennzeichnung von Prüf- und Netzsteckdose vorhanden sein
– durch eine deutlich Kennzeichnung an der Prüfsteckdose oder mit einer Meldung durch das Prüfgerät darauf hingewiesen werden, dass die Schalter der Prüflinge vor der Prüfung in die „Ein-Stellung" zu bringen sind
– ein Warnvermerk darauf hinweisen, dass der Prüfling erst nach der bestandenen Sicherheitsprüfung an der Prüfsteckdose an die Netzsteckdose angeschlossen werden darf.

Bei **Prüfgeräten nach Bild 7.3**, bei denen eine automatische Umschaltung von der Funktion Prüfsteckdose auf die Funktion Netzsteckdose erfolgt, muss gewährleistet sein, dass
– bei der Umschaltung Prüf-Netzsteckdose ein unbeabsichtigtes/unbemerktes Einschalten des Prüflings (Anlaufen des Motors! Hitzeentwicklung! usw.) verhindert wird
– die Umschaltung nur möglich ist, wenn vorher an dem angeschlossenen Prüfling die Sicherheitsprüfungen mit positivem Ergebnis vorgenommen wurden.

Einzelbuchsen zum Prüflingsanschluss

Im Interesse einer optimalen Sicherheit dürfen Einzelbuchsen nur parallel zu den Kontakten der Prüfsteckdose vorhanden sein. Bei den Prüfgeräten nach Bild 7.3 müssen die Buchsen der aktiven Leiter abgeschaltet sein, wenn die Funktion „Netzsteckdose" genutzt wird.

Tafel 7.2 Mögliche Abweichungen des Messwertes vom Ist-Wert

Nenngebrauchsbereich einiger Messgeräte (Beispiele)	Gebrauchsfehler % v. Messwert % v. Endwert[1]	Fehler im Bereich kleiner Werte
Schutzleiterwiderstand		
0,000...3,1 Ω	+/- 5% + 10 Digit	bei 0,1 Ω 10%...25%...
2,000...30 Ω	+/- 5% + 10 Digit	
0,01...10 Ω	+/- 8% + 3 Digit	
0...20 Ω	+/- 5% + 2 Digit	
0...1 Ω	+/- 2,5%[1]	
Schutzleiterstrom		
0,00...31 mA	+/- 10% + 10 Digit	bei 0,1 mA 10%...100%...
0...20,0 mA	+/-5% + 2 Digit	
Berührungsstrom		
0...1,99 mA	+/- 10% + 5 Digit	
Isolationswiderstand		
0...30 MΩ (∞)	+/- 2,5%[1]	bei 0,5 MΩ 10%...100%...
10 kΩ...10 MΩ	+/- 5% + 1 Digit	
1,01...11 MΩ	+/- 5% + 10 Digit	
1) analog anzeigende Geräte		

Gefährdung durch defekte Prüflinge

Bei der Gestaltung der Prüfgeräte wird davon ausgegangen, dass auch beim Anschluss defekter Prüflinge keine Gefährdung des Prüfer möglich sein soll. Dies ist – besonders bei Messungen des Ableitstroms mit Netzspannung – aber nicht in vollem Umfang möglich. Bedingt durch das Messverfahren bewirkt der Innenwiderstand des Prüfgeräts eine Erhöhung des Widerstands der Fehlerschleife (Schleifenwiderstand) für den möglicherweise im Prüfling vorhandenen Isolationsfehler (**Bild 7.8**). Dies kann dann zu einer Erhöhung der Abschaltzeit über den nach Norm [3.4] vorgeben Wert und somit zur unmittelbaren Gefahr für den Prüfer führen.
Dies heißt:
- Alle Prüfungen mit Netzspannung sind als Arbeit in der Nähe unter Spannung stehender Teile zu betrachten.
- Alle Prüfungen mit Netzspannung müssen unter Verwendung eines FI-Schutzschalters mit einem Nennfehlerstrom < 30 mA (ortsfeste RCD im Stromkreis oder mobile RCD) vorgenommen werden.

Mögliche Gefährdungen des Prüfers bei der Schutzleiterstrommessung
a) Messung mit dem Differenzstromverfahren oder
b) Messung mit dem direkten Verfahren an einem defekten Prüfling

Fehler 1 kann nur vorhanden sein, wenn die Prüfung des Schutzleiters nicht ordnungsgemäß erfolgte
Fehler 2 wird nicht entdeckt, wenn die Messung des Isolationswiderstands nicht erfolgen kann oder versäumt wird

Abwehren der Gefährdung
1. Ermitteln und Beheben von Fehlern im Schutzleiter vor der Schutzleiterstrommessung.
2. Anschluss des Prüfgeräts über eine RCD oder Verwendung eines Prüfgeräts mit RCD ($I_{nn} \leq 30$ mA).
3. Durch die Isolationswiderstandsmessung vor der Schutzleiterstrommessung müssen Isolationsfehler ermittelt und dann beseitigt werden.

Mögliche Gefährdungen des Prüfers bei der Schutzleiterstrommessung
c) Messung mit dem direkten Verfahren und einem Prüfgerät mit hohem Innenwiderstand an einem Prüfling mit einem Isolationsfehler.
Infolge des hohen Innenwiderstands R_i ergibt sich ein geringer Fehlerstrom I_F und die Schutzeinrichtung der Anlage (Si) löst nicht aus. Berührungsspannung für den Prüfer beträgt bis zu 230 V !

Abwehren der Gefährdungen
1. Wie oben
2. Prüfgeräte mit einem solchen hohen Innenwiderstand nicht zur Schutzleiterstrommessung verwenden.

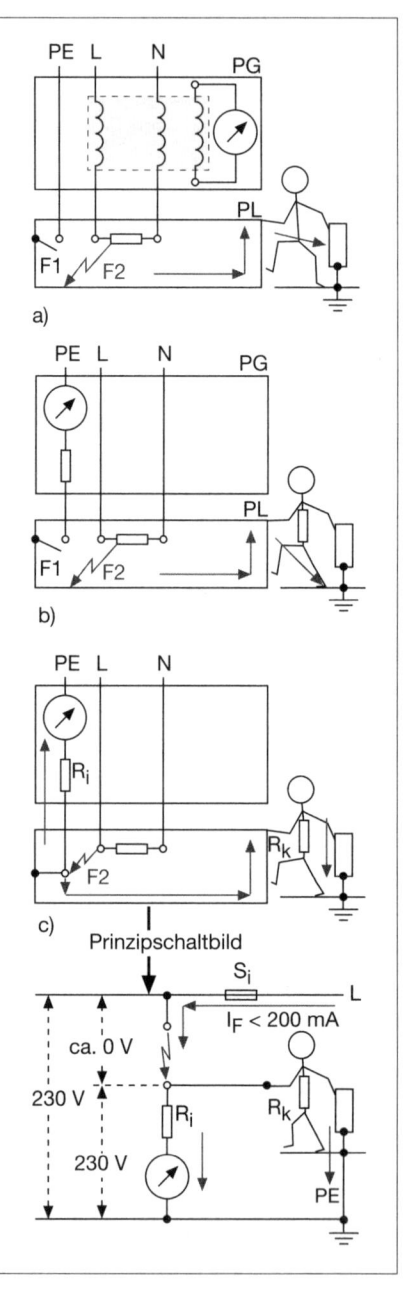

Bild 7.8   *Mögliche Gefährdungen des Prüfers bei der Messung des Schutzleiterstroms mit Netzspannung und notwendige Maßnahmen zu deren Abwehr*

- Messkreise der Prüfgeräte, die mit einem Innenwiderstand von 2000 Ohm zur Messung des Berührungsstroms dienen, dürfen nicht zur Messung des Schutzleiterstroms genutzt werden, wenn nicht spezielle Sicherheitsmaßnahmen im Gerät eine Gefährdung ausschließen.

Frage 7.1 Welche Genauigkeit haben die Prüfgeräte?

Für die **Messung des Isolations- und des Schutzleiterwiderstandes** ist nach DIN VDE 0404 ein Fehler (*Gebrauchsfehler*) von +/-30 % zugelassen. Diese großzügige Toleranz stammt aus dem Entstehungsjahr der Norm, 1980. Sie hat aber, wie **Tafel 7.2** zeigt, vor allem für analoge Prüfgeräte immer noch ihre Bedeutung. Für die digitalen Prüfgeräte werden von ihren Herstellern heute *Gebrauchsfehler* von +/-2%...5%, in wenigen Fällen bis zu +/-10% genannt.

Zu beachten ist, diese Angaben des Gebrauchsfehlers beziehen sich auf den Nenngebrauchsbereich des Gerätes. Beispiele zeigt Tafel 7.2. Vor allem bei Messobjekten mit sehr geringen Widerstandswerten, bei denen sich eine Anzeige im unteren Abschnitt des Nenngebrauchsbereichs ergibt, ist die Ungenauigkeit sehr erheblich (F 7.2).

Für die **Messung des Schutzleiter- und Berührungsstromes** besteht z. Z. eine derartige Vorgabe in den Normen nicht, es ist aber auch hier ein Wert von +/-30% zu erwarten.

> Jeder Prüfer sollte sich über den tatsächlich vorhandenen Fehler seines Messgerätes informieren. Dies ist durch eigene Vergleichsmessungen mit anderen Geräten oder dem Normal (Bild 7.7 e) möglich. Einigen Messgeräten wird vom Hersteller auch das Abnahmeprotokoll der Endprüfung beigelegt, dem dann der tatsächliche Fehler entnommen werden kann.

Der jeweils vom Hersteller für sein Prüfgerät anzugebende Gebrauchsfehler (Tafel 7.2) gilt, wenn die ebenfalls in der Norm festgelegten Nenngebrauchsbedingungen (*Bemessungswerte*) wie
- Netzspannung 90 bis 11% der Netznennspannung,
- konstante Netzspannung während des Messvorgangs,
- Temperaturbereich 0 bis 30 °C,
- Abweichung von der Referenzlage max. 30 °C,
- Schutzleiter fremdspannungs- und fehlerstromfrei,
- Batteriespannung in den vom Hersteller festgelegten Grenzen,
- sinusförmiger Strom

eingehalten werden. Dies sind Minimalbedingungen. Jeder Hersteller kann im Interesse seiner Kunden auch strengere Maßstäbe anlegen. Die in der Norm vorgegebenen Höchstwerte des Gebrauchsfehlers sollen vergleichbare Ergebnisse beim Anwenden von Messgeräten unterschiedlicher Hersteller sichern. Für den Prüfer sind die in der Bedienanleitung angegebenen Gebrauchsfehler **seines** Prüfgerätes wichtig (Tafel 7.2). Es ist jedoch zu beachten, dass die bei manchen Prüfgeräten ausgewiesenen sehr kleinen Gebrauchsfehler nur unter sehr eingeengten Gebrauchsbedingungen gelten.

Frage 7.2 Welche Konsequenzen haben die möglichen Messfehler (Gebrauchsfehler) auf die Beurteilung des Prüflings?

Messen des Schutzleiterwiderstandes

Unter Berücksichtigung der Widerstandswerte der Schutzleiterbahn (Tafel 6.4) und der möglichen Fehler (Tafel 7.2) muss der Prüfer beachten, dass unter den hier vorliegenden Prüfbedingungen kein exaktes Messergebnis im Bereich bis ...0,2 Ω erreicht werden kann. Es ist darum nicht nur unnötig, sondern sogar falsch, im Prüfprotokoll einen scheinbar exakten Messwert von z. B. 0,14 Ω oder 0,09 Ω anzugeben. Besser und ehrlicher sind dann Angaben wie z. B. < 0,15 Ω oder < 0,1 Ω (F 10.2).

Möglich ist somit nur, aufgrund des Messergebnisses und der vorangegangenen Besichtigung des Gerätes eine Gut-Schlecht-Entscheidung bezüglich des Schutzleiters zu fällen. Messwerte über 0,2 Ω lassen auf einen mangelhaften Schutzleiter schließen, wenn nicht eine überdurchschnittlich lange Schutzleiterbahn dafür die Ursache ist. Messwertschwankungen können auf korrodierte Anschlussstellen hinweisen.

Messung des Isolationswiderstandes

Da vom Messgerät bei der Prüfung eines ordnungsgemäßen Geräts der Messwert ∞ oder „0L" das Überschreiten des Messbereiches angezeigt wird, bestehen bei dieser Messung keine Probleme bezüglich der Genauigkeit (Tafel 7.2). Ergeben sich Werte, die kleiner sind als der allgemein anzutreffende Messbereich der Messgeräte (z. B. 20 MΩ, 310 MΩ), so muss dies für den Prüfer ein Grund sein, die Ursache dieses im Vergleich zu anderen Messungen relativ niedrigen Isolationswiderstandes des Gerätes festzustellen, um dann selbst das Prüfergebnis als gut oder schlecht zu bewerten (F 6.19).

Schutzleiter- und Berührungsstrom

Hier gelten die gleichen Betrachtungen wie bei der Messung des Schutzleiterwiderstands. Der Berührungsstrom erreicht bei ordnungsgemäßen Geräten Werte von ...0,01...0,1 mA und ist demzufolge mit den meisten der zur Anwendung kommenden Messgeräte nicht exakt messbar. Im Protokoll ist

in diesen Fällen als Prüfergebnis $I_A = 0$ anzugeben. Ergeben sich bei der Messung des Schutzleiterstromes Werte von 0,5 mA...3,5 mA, so ist vom Prüfer die Ursache dieses relativ hohen Stromes festzustellen. Ursache können auch Beschaltungskondensatoren sein (F 6.34).
Bei diesen Betrachtungen wird deutlich, dass die Messwerte für den Prüfer nicht mehr sind als eine zwar wertvolle, aber eben nur sehr grobe Hilfe. Jeder Messwert ist unter Berücksichtigung der Besonderheiten des Prüflings zu beurteilen, dann hat der Prüfer zu entscheiden. Wichtig ist nicht der absolute Messwert, sondern der Bereich, in dem er sich befindet. Wesentlich ist nicht nur, ob der nach der Norm zulässige Grenzwert eingehalten wird, sondern auch ob der Messwert unter Beachtung der Besonderheiten des Prüflings einen Fehler vermuten lässt. Zu bedenken ist immer, dass die in den Normen angegebenen Grenzwerte die Grenzen der für den Menschen erforderlichen Sicherheit betreffen und die Bereiche „gerade noch sicher" und „nicht mehr sicher" trennen. Die Grenzwerte – und das muss sich jeder deutlich und konsequent klar machen – trennen nicht zwischen einem guten, zuverlässigen und einem schlechten unzuverlässigen Gerät. Ein „gerade noch sicheres Gerät" ist sicherlich kein gutes, zuverlässiges Gerät. Zu beachten ist auch, dass diese Grenzwerte
– beim Schutzleiterwiderstand sowie beim Schutzleiter- und beim Berührungsstrom über
– beim Isolationswiderstand wesentlich unter
den für ein ordnungsgemäßes Gerät typischen (üblichen) Werten liegen (F 6.19 und F 6.34).

Frage 7.3 Welche mechanischen Beanspruchungen vertragen die Prüfgeräte nach DIN VDE 0404?

Als Mindestforderung wird in der Norm verlangt, dass ein betriebsmäßig zu erwartender Fall aus einer Höhe von 3 bzw. 5 cm ohne Auswirkungen bleibt. Natürlich wissen die Hersteller um die Anforderungen der Praxis und geben noch etwas mehr Sicherheit hinzu. Ein Fall aus Tischhöhe oder ähnliche Beanspruchungen führen jedoch oftmals zum Schaden.
Ein Transport im Pkw oder im Werkstattwagen bleibt auf normalen Straßen sicher ohne Folgen. Bei anderen Transportarten sollte für eine der Originalverpackung entsprechende Dämpfung gesorgt werden.

Frage 7.4 Welche Umgebungsbeanspruchungen sind zulässig?

Die Schutzart IP 40 der grundsätzlich schutzisolierten Messgeräte sichert einen guten Schutz gegen Staub und Schmutz, jedoch nicht gegen Wassereinflüsse. Als zulässige Umgebungstemperatur beim Prüfen werden zumindest 0 bis 30 °C (teilweise -10 bis 50 °C), als Lagertemperatur -20 bis +60 °C genannt. Dies gilt auch für die messtechnische Ausrüstung der Prüftafeln.

Frage 7.5 Welche Bedeutung haben die bei einigen Prüfgeräten vorhandenen Grenzwertanzeigen?

Bei diesen Prüfgeräten erhält der Prüfer, zusätzlich zu der Anzeige des gemessenen Wertes, einen Hinweis auf das Über- oder Unterschreiten der in den Normen vorgegebenen Grenzwerte (Tafeln 6.3 und 6.5). Dies erfolgt z. B. durch Leuchtdioden oder eine Grün-Rot-Markierung auf der Skala. Mehr als eine Erinnerung an den oder die in der Norm vorgegebenen Grenzwerte wird damit nicht erreicht. Ein verantwortungsbewusster Prüfer wird sich vom Messinstrument die Gut-Schlecht-Entscheidung nicht abnehmen lassen. Auch ein Messwert von z. B.
- 0,299 Ω beim Schutzleiterwiderstand kann auf einen Defekt hinweisen,
- 0,511 MΩ beim Isolationswiderstand ist sicherlich auf einen Mangel zurückzuführen.

In beiden Fällen spricht die Grenzwertanzeige aber nicht an. Hinzu kommt der auch bei diesen Grenzwertanzeigen zu beachtende Gebrauchsfehler von bis zu +/-30 %. **Deutlich wird, dass die Grenzwertanzeige allein bei einer turnusmäßigen Wiederholungsprüfung somit nicht für eine Ja-Nein-Entscheidung genutzt werden kann.** Nur der vom Instrument angezeigte Messwert (F 7.2) ermöglicht eine fachgerechte Beurteilung.

Frage 7.6 Welchen Prüfungen sind die Prüfgeräte zu unterziehen?

Als ortsveränderliche Geräte sind auch die Prüfgeräte den durch BGV A2 vorgegebenen Sicherheitsprüfungen zu unterziehen.
Für die Funktionsprüfung des messtechnischen Teils bestehen keine verbindlichen Vorgaben. Demzufolge ist von der verantwortlichen Elektrofachkraft unter Beachtung der Bedienanleitung des Herstellers festzulegen, wann und wie eine solche betriebsinterne Funktionsprüfung vorzunehmen ist. Obwohl an die Genauigkeit der Messwerte keine allzu hohen Anforderungen gestellt werden können (F 7.1 und F 7.2), sollte bei dieser Prüfung auch die nach [3.41] geforderte Kontrolle der Messgenauigkeit des Prüfgerätes erfolgen. Dies ist möglich durch die Verwendung des im Bild 7.7 e gezeigten Prüfnormals mit Kalibrierungszertifikat. Bei den Prüfgeräten der Bilder 7.2 und 7.3 hingegen sollten die Empfehlungen des Herstellers für die Kalibrierung berücksichtigt werden.

*Frage 7.7 Ist eine Automatisierung der Prüfung bzw.
das Einbeziehen der Prüforganisation in die
betriebliche Organisation zu empfehlen?*

Beides hängt vornehmlich von der Anzahl der
- von der Elektrowerkstatt für die Anwender zu prüfenden bzw.
- im betreffenden Betrieb vorhandenen

ortsveränderlichen Geräte und dem sich damit ergebenden Arbeitsaufwand des Prüfens ab. Zu entscheiden ist darüber unter Beachtung der Vorteile dieser Automatisierung, wie
- geringerer Aufwand beim Erarbeiten der Prüfprotokolle/Abrechnungen,
- exakte Terminüberwachung/Anlieferungsaufforderung/Kontrolle,
- statistische Erfassung der Fehler/Schwachstellen/Kosten,
- exaktes Erfassen des Geräteparkes,
- automatischer Ausdruck der Prüfmarken,
- Vermeiden von subjektiven Fehlern beim Erfassen/Prüfen.

Frage 7.8 Dürfen Messgeräte, die nicht den heute verbindlichen Normen entsprechen, weiter verwendet werden?

Eine dementsprechende Entscheidung kann die verantwortliche Elektrofachkraft treffen (F 3.3). Wesentlich ist, dass
- die Geräte den Normen entsprechen, die zum Zeitpunkt ihrer Herstellung galten (Bestandsschutz),
- die Sicherheit des Anwenders gewährleistet ist,
- etwaige Fehler in den zu prüfenden Geräten sicher gefunden werden können.

Bei der Neuanschaffung von Messgeräten für die Wiederholungsprüfung von Geräten ist darauf zu achten, dass sie nach DIN VDE 0404 gefertigt worden sind. Dies kommt durch das auf dem Gerät angebrachte GS-Zeichen zum Ausdruck.

Frage 7.9 Ist es ratsam, Prüfgeräte mit einer Ja/Nein-Aussage anzuschaffen?

Wenn dies kostenmäßig zu begründen ist, keine Absolutwerte benötigt werden und eine solche „grobe" Kontrolle (F 7.5) ausreicht, ist dagegen nichts einzuwenden. Für eine Prüfung nach der Instandsetzung bzw. für eine Wiederholungsprüfung sind diese Geräte nicht in gleicher Weise geeignet wie die Geräte, bei denen eine konkrete Angabe eines Messwertes erfolgt. Ihr Nachteil ist außerdem, dass bei einer durch die Normen oder eigene betriebliche Anweisung entstehenden Veränderung der Grenzwerte ein Eingriff in das Gerät erfolgen muss, wenn dies überhaupt auf sinnvolle Weise möglich ist.

In jedem Fall muss derjenige, der diese Prüfung durchführt oder den gesamten Prüfablauf zu verantworten hat, bei seiner Entscheidung über die Anwendung dieses Gerätes bzw. über den Zustand der Prüflinge, die eingeschränkte Aussage des Prüfgerätes und die Qualifikation des jeweiligen Prüfers (**Tafel 7.3**) berücksichtigen.

Die Vorteile eines solchen Ja/Nein-Prüfgeräts wie:
- einfache und sichere Handhabung,
- kostengünstige Anschaffung,
- Unempfindlichkeit und
- schnelle Verfügbarkeit

empfehlen es daher vor allem für ergänzende **Zwischenkontrollen** durch Elektrofachkräfte oder elektrotechnisch unterwiesene Personen, z. B. vor der Ausleihe, bei der Rückgabe, vor dem Anwenden des Elektrowerkzeugs auf dem Bau oder bei Servicearbeiten, als Kundenservice, bei Marketingaktivitäten oder anderen geeigneten Gelegenheiten.

Zu überlegen ist auch, ob es nicht überall dort zur Anwendung kommen kann, wo es nicht um die turnusmäßige Wiederholungsprüfung geht, aber für diese Kontrolle ausreichend qualifizierte Personen (Elektrofachkraft für festgelegte Tätigkeit) die von ihnen angewandten oder in ihrem Arbeitsbereich anzutreffenden ortsveränderlichen Geräte kontrollieren könnten. Auch das wäre ein unerhörter Vorteil gegenüber dem völligen Unterlassen einer Prüfung.

Frage 7.10 Was ist der Unterschied zwischen der Prüf- und der Netzsteckdose eines Prüfgerätes?

Die Prüfsteckdose dient der Messung des Schutzleiter- und Isolationswiderstandes sowie des Ersatzableitstromes, mit einer vom einspeisenden Netz sicher getrennten Prüfspannung. Prüfgeräte, die lediglich mit dieser Prüfsteckdose ausgerüstet sind zeigt Bild 7.1. Wird bei der Schutzleiter- oder der Berührungsstrommessung die Netzspannung vom Prüfgerät zur Verfügung gestellt, so muss dies nach [3.14] über eine gesonderte Netzsteckdose erfolgen. Diese Prüfgerätegestaltung soll den Prüfer ausdrücklich daran erinnern, dass er nacheinander zwei verschiedene Prüfabschnitte mit unterschiedlicher Gefährdung durchzuführen hat. Derartige Prüfgeräte zeigt Bild 7.2. Bei den Prüfgeräten der Kategorie C, mit nur einer Steckdose zum An-

Tafel 7.3 *Zuordnung der Prüfgeräte zur Prüfaufgabe und der Qualifikation des Prüfers*

Qualifikation des Prüfers	Art des Prüfgerätes bezüglich der Prüfaussage	Art der Prüfung Prüfaufgabe
Elektrofachkraft	Nur Ja/Nein-Aussage	Wiederholungsprüfung oder Zwischenkontrolle
	Anzeige des Messwerts	
Elektrotechnisch unterwiesene Person	Nur Ja/Nein-Aussage[1]	Zwischenkontrolle[2]
	Anzeige des Messwerts	Wiederholungsprüfung[2] oder Zwischenkontrolle[2]
Elektrofachkraft mit festgelegter Tätigkeit	Nur Ja/Nein-Aussage	Zwischenkontrolle[2]
	Anzeige des Messwerts	

1) Nur wenn dies ausdrücklich von einer Elektrofachkraft angewiesen wurde
2) Unter Verantwortung einer Elektrofachkraft

schluss der Prüflinge (Bild 7.1), erfolgt diese Umschaltung nach der bestandenen Sicherheitsprüfung durch eine automatische Umschaltung oder durch eine bewusste Schalthandlung des Prüfers.

Frage 7.11 Darf die Messung der Ableitströme mit einer Leckstromzange erfolgen?

Dagegen ist nichts einzuwenden. Natürlich sind wie bei jeder anderen Messmethode die Eigenarten des jeweiligen Messgeräts und die möglichen Messfehler zu berücksichtigen.
Der eigentliche Vorteil der Messzange, dass mögliche Messen ohne ein vorheriges Abschalten des Prüflings, kommt leider nur bei fest angeschlossenen Geräten zur Geltung. Und auch dort müssen die Einzeladern

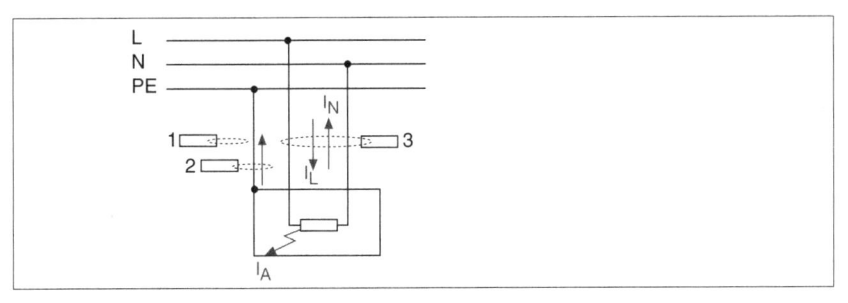

Bild 7.9 *Anwendung einer Leckstromzange zum Messen des Ableitstrom eines ortsfest angeschlossenen Geräts.*

1 Vorab-Messung zum Ermitteln des Messfehlers durch Fremdfelder;
2 direkte Messung des Ableitstroms I_A;
3 Differenzstrommessung des Ableitstroms $I_A = I_L - I_N$

zugänglich sein. Zu beachten ist auch, dass die sehr kleinen Ableitströme der Geräte nur mit sehr empfindlichen Strommesszangen (Bild 7.7 h) erfasst werden können und infolge der nachstehend aufgeführten möglichen Messfehler, das Messergebnis **nur orientierenden Charakter** haben kann.

– Die immer vorhandenen Fremdfelder beeinflussen das Messergebnis. Der entstehende Fehler sollte durch eine Vorabmessung (Bild 7.9) erfasst werden.

– Wenn möglich sollte der Ableitstrom durch eine direkte und nicht durch eine Differenzmessung (Bild 7.9) ermittelt werden. Die Differenzstrommessung ist ungenauer, da sich sich die Felder je nach Lage der Aderleitungen in der Zange unterschiedlich überlagern.

– Jede, und auch nur eine sehr geringe Verschmutzung der Auflageflächen des Magnetrings der Zange, hat erheblich Messfehler zur Folge. Die Messzangen müssen äußerst sorgfältig – mehr als in der Praxis zumeist üblich – behandelt und gepflegt werden.

Zu bemerken ist noch, dass die Messung mit der Zange zumeist als Arbeit in der Nähe unter Spannung stehender Teile angesehen werden muss.

8 Vorbereitung der Prüfung

Die Prüfung der Geräte ist vom Betreiber (Unternehmer) in zweierlei Hinsicht vorzubereiten:
- Als Erstes ist zu organisieren, dass alle im Unternehmen genutzten Geräte erfasst sowie entsprechend UVV BGV A2 (früher VBG 4), GU 2.10 [1.2] [1.5] ordnungsgemäß und rechtzeitig der Prüfung zugeführt werden.
- Zum Zweiten geht es um das vorschriftsmäßige, d. h. um das den Vorgaben für die Prüfverfahren und Arbeitssicherheit entsprechende Prüfen an den dafür festzulegenden Orten.

Beide Aufgaben müssen von einer damit beauftragten verantwortlichen Elektrofachkraft vorgenommen werden (Tafel 2.1). Wird ein fremder Elektrofachbetrieb beauftragt, so ist zu unterscheiden, ob ihm
- nur das Durchführen der Prüfungen an den ihm vom Unternehmen zu übergebenden Geräten oder
- außerdem auch die organisatorische Vorbereitung, die zwischenzeitlichen

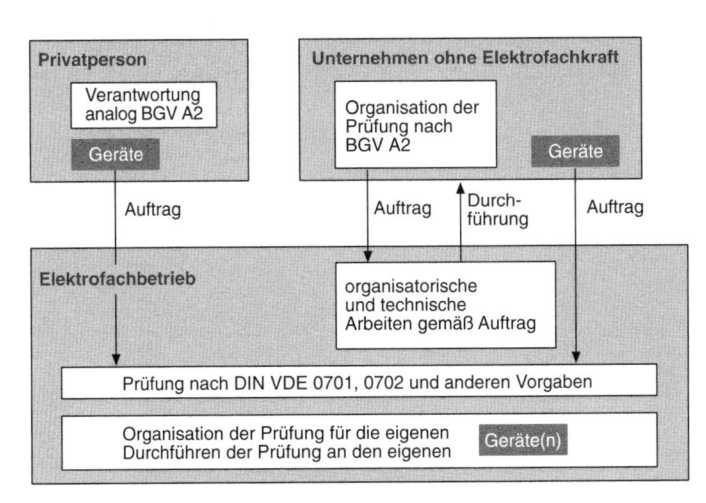

Bild 8.1   Schema der Organisation der Prüfarbeit

Kontrollen und andere Teilaufgaben der Prüfungen nach BGV A2 im Unternehmen übertragen werden (**Bild 8.1**). Schließlich muss entschieden werden in welcher Weise die Prüfungen dokumentiert werden sollen.

Organisation der Geräteprüfung im Unternehmen

Alle bereits vorhandenen und künftig auch die neu anzuschaffenden Geräte müssen erfasst werden. Möglichst sollte die verantwortliche Elektrofachkraft bereits auf die Auswahl der neu zu beschaffenden Geräte Einfluss nehmen. Notwendig ist es daher, die Einzelheiten eines entsprechenden organisatorischen Ablaufs und die Zuständigkeit für die damit verbundenen Arbeiten festzulegen. Dies muss schriftlich, z. B. in Form einer Betriebsanweisung, erfolgen. Ohne eindeutige und verbindliche Aufgabenbestimmung kommt keine Ordnung in das Bemühen um
– die Sicherheit aller Mitarbeiter, als Anwender und
– das Gewährleisten des Arbeitsschutzes für die Prüfer
der elektrischen Geräte.
Die verantwortliche Elektrofachkraft eines Unternehmens sollte die Übernahme der Verantwortung für diese Aufgaben von dem Vorhandensein einer solchen Anweisung oder einer anderen für alle Mitarbeiter des Unternehmens verbindlichen betrieblichen Vorgabe abhängig machen. Die wesentlichen dabei zu beachtenden Fakten sind in **Tafel 8.1** aufgeführt.

Frage 8.1 In welcher Form sollten die zu prüfenden Geräte erfasst werden?

Darüber kann es keine allgemeingültigen Festlegungen geben. Jede verantwortliche Fachkraft muss selbst entscheiden,
– welche Daten für das ordnungsgemäße Betreiben, Warten und Prüfen erforderlich sind,
– welcher Arbeitsaufwand dafür sinnvoll ist,
– inwieweit die Methode der Erfassung auch eine Kontrolle der Prüftermine, der Ausfallraten und anderer organisatorischer Daten ermöglichen muss.

Die Größe des Unternehmens, die Anzahl der zu prüfenden ortsveränderlichen Geräte sowie die ohnehin bereits vorhandene oder geplante betriebliche Gesamtorganisation werden die Entscheidung beeinflussen.
Möglich sind ein Prüfbuch [1.2] und die althergebrachten Karteien (**Bild 8.2**) ebenso wie das Abheften von Protokollausdrucken oder das Erfassen mit PC-Programmen, die von den Herstellern der entsprechend ausgerüsteten Prüfgeräte (Anhang 2, Bild 7.3) bezogen werden können.

Tafel 8.1 *Notwendige betriebliche Festlegungen für die Organisation der Prüfung der ortsveränderlichen Geräte des Unternehmens*

Allgemeine Festlegungen

- Festlegen von Verantwortung und Kompetenzen der verantwortlichen Elektrofachkraft bei der Umsetzung von BGV A2 im Unternehmen
- Einflussnahme der verantwortlichen Elektrofachkraft auf die Auswahl der anzuschaffenden Geräte
- Form der Erfassung der Geräte (Bild 8.2)
- Art und Ort der Aufbewahrung der Gerätedokumentationen
- Festlegen der Verantwortung für die Erstprüfung neuer Geräte
- Festlegen der Prüffristen in Abhängigkeit von Art und der Anwendung der Geräte sowie der Verantwortung für das Aktualisieren der Prüffristen
- Art der Information der Mitarbeiter über
  - den erforderlichen Umgang mit den Geräten,
  - die Pflicht zur Kontrolle vor jeder Nutzung,
  - die Art und die Bedeutung der Kennzeichnung nach einer Prüfung,
  - die Pflicht zur Information der Fachkraft bei schadhaften Geräten,
  - die Anwendung von privaten Elektrogeräten im Unternehmen
- Festlegung der Pflichten der Vorgesetzten
  - Anlieferung der Geräte zur Prüfung,
  - eigene Kontrollen im eigenen Bereich,
  - Unterweisung der Mitarbeiter zusammen mit der Elektrofachkraft
- Form der Kennzeichnung der geprüften Geräte (Bild 10.4)
- Verantwortung für die Durchführung der Prüfung
- Planung der Ersatzteile

Ergänzungen beim Beauftragen eines fremden Elektrofachbetriebs

- Festlegen der Kompetenzen des Elektrofachbetriebes im Unternehmen
- Bestimmen des betrieblich zugeordneten Vorgesetzten
- gegebenenfalls Benennen von elektrisch unterwiesenen Personen (F 3.2) zur Unterstützung des Elektrofachbetriebes

Festlegungen zur Durchführung der Prüfung

- Ort der Prüfungen nach Instandsetzung und bei Wiederholungsprüfungen
- anzuwendende Prüfgeräte
- Art der Protokollierung und Auswertung
- Berechtigung zum Prüfen für Elektrofachkräfte/unterwiesene Personen
- Zulässigkeit des Arbeitens an unter Spannung stehenden Geräten bei der Prüfung (wer, in welchen Fällen, welche Schutzmittel)
- Notwendigkeit betrieblicher Prüfvorschriften

Gerätestammkarte

Geräteart........................ Gerätegruppe....................Gerätenummer................
Hersteller....................Typ..Baujahr........................

Techn. Daten
Spannung................V, Leistung................kW, Schutzklasse........., Schutzart...............
....

Vorgesehen für..
Dokumentation......................................Standort..
Vorgesehene Einsatzorte..
Vorgesehener Prüfturnus.............., ..., ...Prüfgerät............, ...,
....
Prüfvorgaben Hersteller..........................Prüfvorschrift.........................

Standort	von	bis	Prüfung/Instandsetzung	am	Bemerkung
1.					
2.					
3.					
4.					

Bild 8.2 *Beispiel der Erfassung der Geräte mittels Karteikarten*

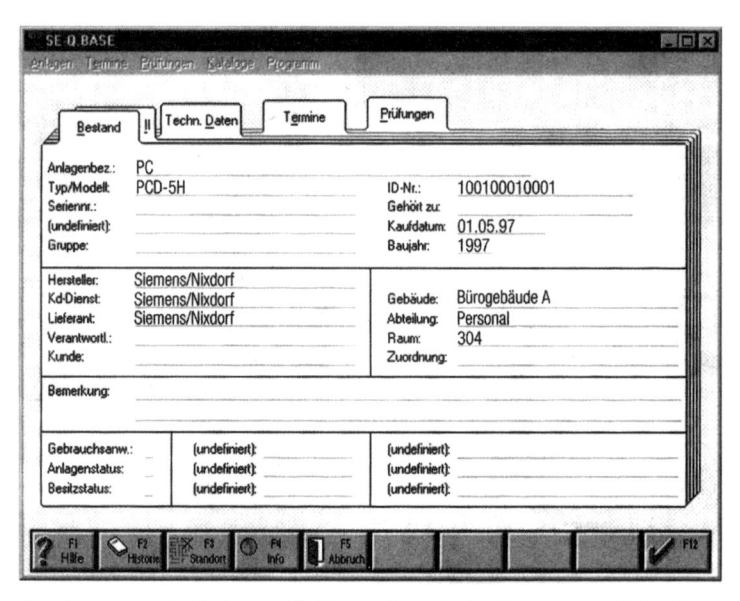

Bild 8.3 *Karteikartensatz der Software SE-Q.base, die auch den Organisationsablauf der Prüfung sowie die Verwaltung der Betriebsmittel ermöglicht (Gossen-Metrawatt)*

Möglich ist auch, die ganze Organisation des Verwaltens und Prüfens mit Hilfe einer speziellen Software abzuwickeln, die dann u. a. das Anfertigen und Führen der Karteikarten (**Bild 8.3**) übernimmt.

Frage 8.2 Sind betriebliche Prüfvorschriften erforderlich?
Im Prinzip nicht. Die Vorgaben in den Normen und die Darlegungen dieses Buches (Tafel 5.1) sowie die Hilfestellungen der Prüfgeräte (Bild 7.3) sind für eine mit dem Prüfen vertraute Elektrofachkraft meist völlig ausreichend. Wenn allerdings vom Prüfer zunächst ein Hineindenken in die Besonderheiten eines bestimmten Prüflings verlangt werden muss, dann empfiehlt sich doch eine im Ergebnis der Erstprüfung erarbeitete Prüfanweisung. Denkbar ist dies, wenn es um das Prüfen z. B. der im Bild 7.5 dargestellten Prüftafeln, eines ortsveränderlichen Sicherheitssteckers (Anhang 2, Bild 9.1 a und b), das Anwenden von HS-Prüfgeräten (F 6.41) oder ähnliche Sonderfälle geht. Ebenso kann es erforderlich werden, einer elektrotechnisch unterwiesenen Person oder Hilfskräften im Lager bzw. im Ladengeschäft eine exakt abgegrenzte Prüfaufgabe schriftlich zu nennen. Immer sind dann die Anforderungen an das sicherheitsgerechte Verhalten der betreffenden Personen mit vorzugeben.
Zu bedenken ist aber auch, dass möglicherweise schon allein die Anforderungen der Arbeitssicherheit eine Prüfvorschrift notwendig werden lassen (Abschnitt 9).

Frage 8.3 Welche Orte sind für das Durchführen der Prüfung zu empfehlen?
Wiederholungsprüfungen sind möglichst beim Anwender, d. h. in der Werkhalle, auf der Baustelle und im Büro durchzuführen. Werden einfache Prüfgeräte verwendet (Bilder 7.1 und 7.2), so ist es sinnvoll, unmittelbar den Standort der zu prüfenden Geräte aufzusuchen, kommen umfangreichere Prüfgeräte zum Einsatz (Bild 7.3), so sollte im betreffenden Bereich vorübergehend ein Prüfplatz (F 9.4) eingerichtet werden. Werden die Prüflinge durch den Anwender angeliefert, so kommt nur der ordnungsgemäß eingerichtete Prüfplatz in der Elektrowerkstatt als Prüfort in Frage.
Die **Prüfung nach einer Instandsetzung** sollte, soweit es sich einrichten lässt, an einem ordnungsgemäßen Prüfplatz in einer Elektrowerkstatt erfolgen. Ist dies durch die Art des Auftrages oder des zu prüfenden Gerätes nicht möglich, so ist am Ort der Prüfung durch einen zeitweiligen Prüfplatz (F 9.4) die Sicherheit zu gewährleisten.

Organisation der Prüfarbeit

Im Interesse der Arbeitssicherheit und der rationellen Arbeitsweise müssen für das Prüfen in der Werkstatt und ebenso für die Prüfarbeiten vor Ort beim Anwender einige organisatorische Festlegungen getroffen werden. Die dabei zu beachtenden Schwerpunkte wurden in **Tafel 8.2** zusammengefasst.

In jedem Fall sollte eine Prüfanweisung o. ä. erarbeitet werden, in der
- Kompetenzen, Prüfablauf und Verhaltensweisen am ortsfesten Prüfplatz
- und sinngemäß ebenso für gegebenenfalls einzurichtende zeitweilige Prüfplätze beim Anwender

festgelegt werden [1.2] [3.4].

Frage 8.4 Welche Besonderheiten sind bei der Prüfung der Geräte beim Anwender zu beachten?

Vor allem bei den Wiederholungsprüfungen ist aus Kostengründen eine Prüfung vor Ort, d. h. z. B. in der Privatwohnung, am Arbeitsplatz in einer Werkhalle oder auf der Baustelle, sinnvoll. Es muss bei der Vorbereitung dieser Prüfungen dann die Sicherheit des Prüfers und eventuell anwesender anderer, nichtfachkundiger Personen besonders beachtet werden. Dies erfordert Festlegungen und Belehrungen zu folgenden Punkten:
- Einsatz von Prüfgeräten, die nur gefahrlose Prüfungen gestatten (Bild 7.1)

Tafel 8.2   Notwendige betriebliche Festlegungen für das Durchführen der Prüfungen

– Fachverantwortung für Gesamtprüfung und Teilprüfungen
– Führungsverantwortung für Prüfarbeiten, Prüfplatz und Anleitung anderer Personen
– Berechtigungen für die Prüfungen/Teilprüfungen für Elektrofachkräfte/unterwiesene Personen (F 3.2)
– Prüforte (Anwender/Werkstatt,Lager/Verkaufsraum) bei der Prüfung nach Instandsetzung, der Wiederholungsprüfungen oder anderen Prüfungen in Abhängigkeit von der Geräteart und der Zielstellung
– Vorgaben für das gegebenenfalls notwendige Einrichten zeitweiliger Prüfplätze beim Anwender (Absperrung, FI-Schutz usw.) [3.7] [5.4] (F 9.1)
– Ablauf bei der Anlieferung, Lagerung, Bewertung/Aussonderung der Prüflinge
– Form der Dokumentation der Prüfung und der Information der Anwender
– Ausarbeiten einer Gefährdungsbeurteilung [2.6]
– Berechtigung zur Arbeit an bzw. in der Nähe unter Spannung stehender Teile [1.2]
– Erarbeiten einer Prüfanweisung für das Betreiben der Prüfplätze einschließlich des Verhaltens beim Prüfen bezüglich der Arbeitssicherheit [5.4]
– Verfahren zum Erfassen der bereits vorhandenen und der künftig neu angeschafften Geräte
– Pflicht zur termingerechten Anlieferung der Geräte durch die Betriebsbereiche
– Einflussnahme der verantwortlichen Elektrofachkraft auf die Art der anzuschaffenden Geräte
– Erstprüfung und Erfassung der neu angeschafften Geräte

bzw. durch eingebauten FI-Schutz zur Sicherheit beitragen (Bild 7.3 a),
- Durchführung nur von solchen Instandsetzungsarbeiten, die eine Fehlersuche und Prüfung bei geschlossenen Prüflingen ermöglichen,
- Prüfungen mit den zur Verfügung gestellten Prüfgeräten, keine eigene provisorischen Prüfschaltungen,
- Beachten der besonderen Anforderungen an den beim Anwender einzurichtenden zeitweiligen Prüfplatz (F 9.4),
- ausdrückliches Verbot oder Entscheidung über die Zulässigkeit des Arbeitens an oder in der Nähe unter Spannung stehender Teile.

Frage 8.5 Ist ein Elektrofachbetrieb, der mit der Prüfung ortsveränderlicher Geräte beauftragt wird, damit auch für das Einhalten der Prüffristen verantwortlich?

Nein. Alle das Betreiben der Geräte betreffenden Verantwortlichkeiten, also auch das rechtzeitige Anliefern zur Prüfung, bleiben immer bei dem Betreiber. Darüber hinaus gehende Aufgaben, die einen Eingriff in die Arbeit des Betreibers erfordern, müssen ausdrücklich vereinbart werden.
Natürlich ist es immer Teil der Fachverantwortung einer prüfenden Elektrofachkraft, die Anwender der Geräte zu beraten und zu informieren.

Frage 8.6 Was ist zu beachten, wenn die zu prüfenden Geräte vom Kunden übernommen werden?

Um spätere Komplikationen zu vermeiden sollten bei der Entgegennahme des Gerätes geklärt werden ob:
- eine Säuberung und möglicherweise auch eine Reparatur notwendig erscheint
- der äußere Eindruck auf unsachgemäßen Gebrauch hindeutet
- das Alter des Gerätes eine Aussonderung sinnvoll erscheinen lässt
- der Auftrag auch das Säubern und die Reparatur einschließt und ein Kostenvoranschlag gewünscht wird
- die Prüfung oder die Reparatur besondere Prüfmittel und Ersatzteile erfordern wird und somit ein hoher Arbeitsaufwand zu erwarten ist
- eine sofortige Prüfung sinnvoll ist, um grobe Fehler und einen notwendig werdenden hohen Arbeitsaufwand sofort zu erkennen.

Zu empfehlen ist auch, die Prüfung nicht auf die lange Bank zu schieben sondern möglicht sofort nach der Anlieferung vorzunehmen. Etwaige Mängel werden besser entdeckt, wenn der Einfluss der beim Gebrauch möglicherweise aufgetretenen Nässe noch wirksam ist.

9 Prüfplätze und Arbeitssicherheit

BGV A2 [1.2] und die DIN-VDE-Normen sind in zweierlei Hinsicht mit dem Prüfen verbunden. Zum einen wird gefordert,
- durch Prüfungen für die **Sicherheit der Benutzer** elektrotechnischer Geräte zu sorgen,

zum anderen wird aber auch verlangt, dass
- die **Sicherheit des Prüfenden** bei dieser Arbeit zu gewährleisten ist.

Wer als verantwortliche Elektrofachkraft das Prüfen vorzubereiten und durchzuführen hat, der muss auch die zur Sicherheit der Prüfenden notwendigen Festlegungen treffen und durchsetzen (**Tafel 9.1**). In diesem Sinne ist zu klären,
- ob spezielle, prüfbedingte Gefährdungen auftreten können (F 9.6),
- ob die Prüfung vor Ort, in einer Werkstatt oder an speziell eingerichteten Prüfplätzen durchzuführen ist und welche Schutzmaßnahmen dann dort angewandt werden sollten,
- ob bestimmte Verhaltensanforderungen für den Prüfer gelten und welche Unterweisungen zum arbeitsschutzgerechten Verhalten durchzuführen sind.

Vorgaben für die Arbeitssicherheit beim Prüfen sind enthalten in
- BGV A2 [1.2] [5.7] (bezüglich des Arbeitens an oder in der Nähe unter Spannung stehender Teile gelten insbesondere die Paragraphen 6, 7, 8)
- DIN VDE 0104 Errichten und Betreiben elektrischer Prüfanlagen [3.7].
- dem Arbeitsschutzgesetz [2.6], wobei besonders die dort geforderte Gefährdungsbeurteilung zu beachten ist (F 9.6).

Es ist zu empfehlen, in einer Betriebsanweisung für das Prüfen der ortsveränderlichen Geräte und/oder für das Arbeiten am Prüfplatz der Werkstatt alle die Arbeitssicherheit betreffenden betrieblichen Festlegungen zusammenzufassen. Ausführliche Hinweise dazu sind in [5.4] zu finden. **Tafel 9.2** enthält ein Beispiel für die Gefährdungsbeurteilung zum Prüfen von elektrischen Geräten in den Räumen des Auftraggebers.

Tafel 9.1 *Hinweise für das sicherheitsgerechte Prüfen*

I	**Vorbereitung**
1.	Verantwortung für das Prüfen, den Prüfplatz usw. festlegen
2.	Notwendigkeit, Zulässigkeit und Berechtigung zum Arbeiten an oder in der Nähe unter Spannung stehender Teile klären/festlegen (BGV A2 §§ 6,7,8)
3.	Prüforte bestimmen. Notwendigkeit, Art und Einrichtung von ortsfesten und zeitweiligen Prüfplätzen klären (DIN VDE 0104)
4.	Betriebliche Weisung vorgeben (Prüfanweisung/Prüfplatzordnung o. ä)
5.	Unterweisungen vornehmen
6.	Auswahl geeigneter Prüfgeräte
II	**Durchführung**
1.	Sichtprüfung und Sicherheitsprüfungen (Schutzleiter-, Isolationswiderstands-, Ersatzableitstrommessung) vor den Prüfungen mit Netzspannung durchführen
2.	Zuerst die Prüfschaltung aufbauen, dann den Anschluss zur Versorgungsanlage herstellen und zuletzt den Prüfstromkreis einschalten
3.	Den Schutzleiter am Prüfaufbau zuerst oder gleichzeitig mit den aktiven Leitern anschließen
4.	Prüfmittel, Prüfhilfsmittel und andere Dinge entfernen, wenn sie bei der Prüfung nicht benötigt werden
5.	Ausreichende Arbeitsplatzbeleuchtung sichern
6.	Zuständigkeit, Verantwortlichkeit, Sprachgebrauch und Signalgebung vereinbaren, wenn mehrere Personen mitwirken oder anwesend sind
7.	Prüfmittel vor der Prüfung einer Funktionskontrolle unterziehen
8.	Teile mit Erdpotenzial möglichst abdecken
9.	Nur zugelassene Prüfmittel, Sicherheitsmittel, Werkzeuge usw. verwenden
10.	Ordnungsgemäße Arbeitsbekleidung benutzen, keine leitenden Teile am Körper und an der Kleidung zulassen
11.	Prüfungen in der vorgegebenen Reihenfolge vornehmen

Frage 9.1 Gegen welche Gefährdungen beim Prüfen müsssen Sicherheitsmaßnahmen vorgesehen werden?

Gesundheitsschäden können sich vor allem ergeben durch
– Durchströmung, Schreckreaktion und Folgeunfall, z. B. bei der Messung des Isolationswiderstandes (500 V DC) oder bei der Spannungsprüfung ($U > 1$ kV) ,
– Durchströmung bei einem versehentlichen Durchführen der Funktionsprüfung vor der Sicherheitsprüfung an einem defekten Gerät,
– Durchströmung beim Berühren aktiver Teile nach Öffnen eines Gerätes,

Tafel 9.2 Beispiel für eine Gefährdungsbeurteilung des betrieblichen Gefährdungskatalogs
Teil: Prüfen und Messen (Gefahrtarifsstelle 50303) [1.2] [2.6]

SITECH GMBH
Errichten und Prüfen von Anlagen der Sicherheits- und Elektrotechnik

Arbeitsbereich:	Räume des Auftraggebers/Kunden
Tätigkeit:	Wiederholungsprüfung von elektrischen Geräten
Objekt/Prüfverfahren:	Wiederholungsprüfung nach DIN VDE 0701/0702/ DIN VDE 0105 Teil 100 an ortsveränderlichen/ortsfesten elektrischen Geräten
Gefährdung/Belastung	**Maßnahmen** (nur Beispiele! Ergänzung erforderlich)
Elektrische Durchströmungen durch:	
• defekte Anlage des Kunden	• Prüfung der elektrischen Anlage vor Beginn der Geräteprüfung
• defekte Prüflinge	• Verwendung ortsveränderlicher FI-Schutzschalter (PRCD-S) • Anwendung von Prüfgeräten nach DIN VDE 0404 • Sicht- und Schutzleiterprüfung sowie Isolationsmessung vor den Prüfungen mit Netzspannung vornehmen
• Berühren aktiver Teile im Prüfling	• Keine Abdeckungen abnehmen, keine Fehlersuche an unter Spannung stehenden Geräten
• Berühren ungeschützter Teile der Anschlussleitung des Prüflings	• Gegebenenfalls Einrichten eines zeitweiligen Prüfplatzes nach DIN VDE 0104
• Berühren aktiver Teile im Verteiler bei Messungen von Gerät und Anlage	• Verwendung berührungsgeschützter Messleitungen • Anschluss/Verbindung so, dass kein Berühren möglich • Prüfgerät erst nach dem Anschluss mit dem Netz verbinden • Verteiler im vorgeordneten Verteiler freischalten, gegen Wiedereinschalten sichern, Spannungsfreiheit feststellen **oder** • Stromkreis im Verteiler freischalten, gegen Wiedereinschalten sichern, Spannungsfreiheit feststellen, Abdecken aktiver Teile
• Spannungsverschleppung	• gegebenenfalls Isolierung des Standortes • Eingrenzen des zu prüfenden Abschnittes
• Berühren von Teilen mit Prüfspannungen $\geq$ 500 V DC (trotz Strombegrenzung, Schreck)	• Absperren, gegebenenfalls Aufsichtsposten • Unterweisen aller möglicherweise anwesenden Personen

Tafel 9.2   Fortsetzung

	• Unterweisung zum Verhalten beim Anwenden der Prüfgeräte • Unterweisung zum sicherheitsgerechten Verhalten beim Prüfen
• falsche Reihenfolge der Prüfschritte	• Sicherer Standort beim Prüfen
Sonstige Gefährdungen durch:	
• defekte Arbeitsmittel	• Kontrolle vor Beginn der Arbeit
• mechanische Einwirkungen (drehende Teile, Messer usw.)	• keine fremden Arbeitsmittel benutzen • eigene Arbeitsmittel pfleglich/vorschriftsmäßig behandeln
• erhöhten Standort	• keine Prüfarbeiten bei denen eine Durchströmung auftreten kann von erhöhten und ähnlichen Standorten aus durchführen
• fehlende 1. Hilfe	• Anwesenheit einer weiteren Person sichern, die gegebenenfalls Hilfe geben und/oder herbeiholen kann [3.8]
• Fehlverhalten der nichtfachkundigen Personen	• Unterweisung, Absperrung, Kontrolle; gegebenenfalls Abbruch der Prüfung, wenn die Sicherheit nicht gewährleistet ist

– Verwenden ungeeigneter Prüfgeräte/Adapter (F 7.8) oder provisorischer Messleitungen,
– Durchströmung bei Arbeiten mit provisorisch aufgebauten Messschaltungen sowie an Messleitungen/Messklemmen ohne Berührungsschutz,
– Verletzungen bei der Funktionsprüfung von Elektrowerkzeugen,
– Schreckreaktionen und Folgeunfälle nach Kondensatorentladung [2.6].

Die für die Vorbereitung bzw. Durchführung verantwortliche Elektrofachkraft muss sich über die Möglichkeit derartiger und anderer Gefährdungen Klarheit verschaffen (F 9.6). Sie hat dann Sicherheitsmaßnahmen festzulegen [1.2], durch die eine Gefahr vom Prüfer und anderen bei der Prüfung möglicherweise anwesenden Personen abgewandt wird [2.6].

Frage 9.2   Ist es bei der Prüfung von Geräten erforderlich, an oder in der Nähe unter Spannung stehender Teile zu arbeiten?
Bei der Wiederholungsprüfung in keinem Fall. Bei Prüfungen nach der Instandsetzung ist es zumeist möglich, Fehler durch den zielgerichteten Austausch von Baugruppen zu lokalisieren, ohne dabei mit Messgeräten in den Funktionsablauf eingreifen zu müssen. Es wird daher nur in Einzelfällen erforderlich sein, zur Fehlersuche die Abdeckung des an das Netz ange-

schlossenen Gerätes zu öffnen. Ob und inwieweit dies wirklich nötig ist, muss nach BGV A2 § 8 der Unternehmer bzw. die verantwortliche Elektrofachkraft entscheiden. Ohne eine solche Entscheidung, den exakt abgegrenzten Auftrag für den Prüfer und ohne das Festlegen der dann anzuwendenden Sicherheitsmaßnahmen darf nicht an oder in der Nähe unter Spannung stehender Teile gearbeitet werden (F 9.6).

Frage 9.3 In welchen Fällen sind beim Prüfen spezielle Schutzmaßnahmen vorzusehen?

Immer wenn beim Prüfen eine der in Frage 9.1 genannten oder eine ähnliche Gefährdung entstehen kann, muss verhindert werden, dass der Prüfer und/oder andere möglicherweise anwesende Personen zu Schaden kommen können.

Das lässt sich in folgende Regeln fassen:
1. Durch das Prüfen bedingte Schutzmaßnahmen sind nicht erforderlich, wenn die zur Anwendung kommenden Prüfgeräte keinen Netzausgang aufweisen, nur mit Schutzkleinspannung messen oder nur Ströme von höchsten 3,5 mA abgeben können (Bild 7.1).
2. Wird beim Betreiber der Geräte geprüft und dabei zur Funktionsprüfung oder zur Fehlersuche die Netzspannung verwendet, so ist
   – durch eine geeignete Maßnahme zu verhindern, dass weitere Personen den Prüfaufbau berühren können,
   – durch die Benutzung eines Sicherheitsadapters (**Bild 9.1 b**, s. Anhang 2) zu sichern, dass im Fall einer direkten Berührung aktiver Teile eine rechtzeitige Abschaltung erfolgt, sofern nicht eine solche Schutzeinrichtung bereits Bestandteil des Prüfgerätes ist (Bilder 7.3 a, 7.5 a).
3. Prüfungen nach der Instandsetzung sollten möglichst an einem dafür eingerichteten Prüfplatz [3.7] [5.4] in der Werkstatt vorgenommen werden. Muss die Prüfung beim Betreiber erfolgen, so sind die unter 2. genannten Vorgaben zu beachten.
4. Der Prüfplatz in der Elektrowerkstatt ist entsprechend den Forderungen in DIN VDE 0104 [3.7] [5.4] mit den notwendigen Sicherheitsmaßnahmen zu versehen (Bild 9.1, s. Anhang 2).

Frage 9.4 Gibt es Vorgaben für das Einrichten eines Prüfplatzes?

Werden Prüfungen vorgenommen, bei denen eine Gefährdung (F 9.1) eintreten kann, so ist ein Prüfplatz nach DIN VDE 0104 [3.7] einzurichten. Dies gilt für das Prüfen in der Werkstatt (**Bild 9.2**), aber auch dann, wenn die Prüfung der Geräte zeitweilig, z. B. in einem Fremdbetrieb, einer Werkhalle oder

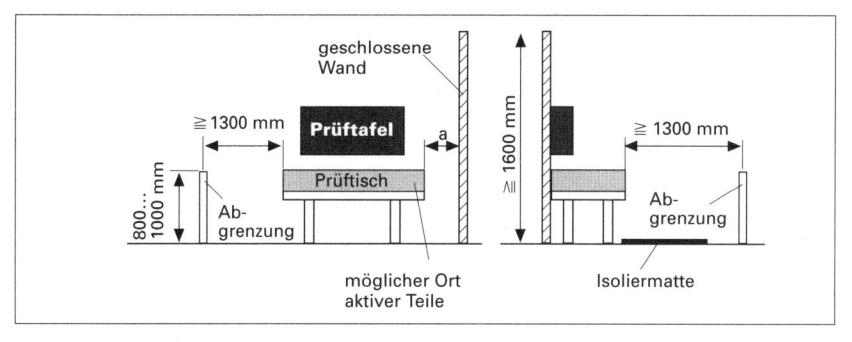

Bild 9.2 Prinzipielle Darstellung eines Prüfplatzes, Angabe der Mindestabstände, a frei wählbar

auf einer Baustelle, erfolgt. Bei kurzzeitigen Prüfungen, die mit einer Gefährdung verbunden sind, muss der Prüfer die Vorgaben für einen zeitweiligen (ortsveränderlichen) Prüfplatz [3.7] [5.4] sinngemäß umsetzen (F 9.3, Punkt 2). Bild 9.2 zeigt die prinzipielle Gestaltung eines Prüfplatzes in der Werkstatt. Zur weiteren Ausrüstung gehören vornehmlich
– eine Prüftafel (Bild 7.5, Anhang 2) mit den nach [3.7] und [5.4] vorgegebenen Sicherheitseinrichtungen und Prüfmöglichkeiten,
– weitere Prüfgeräte entsprechend den durchzuführenden Prüfungen,
– Messleitungen mit Berührungsschutz (Bild 9.1 c, s. Anhang 2) [3.17].

Eine eingehende Darstellung eines Prüfplatzes und seiner Ausrüstung kann der Literatur entnommen werden [5.4]. Ob eine Gefährdung auftreten kann, ist durch die Gefährdungsbeurteilung festzustellen.

Frage 9.5 *Welche Vorgaben gibt es für das arbeitsschutzgerechte Verhalten beim Prüfen?*

Ausgehend von der UVV BGV A2 sind diese Vorgaben im Abschnitt „Betreiben" von DIN VDE 0104 [3.7] enthalten. Es ist erforderlich, die dort nur allgemein formulierten Festlegungen den Gegebenheiten des eigenen Betriebes in einer betrieblichen Anweisung o. ä. anzupassen. Grundsätzliche Hinweise enthält Tafel 9.1. Weitere Informationen dazu sind in der Literatur zu finden [3.7] [5.4].

**Frage 9.6 Muss für das Prüfen von Geräten eine Gefährdungs-
beurteilung erfolgen?**

Ja. Da bei keiner Prüfung eine Gefährdung auszuschließen ist, muss der Verantwortliche für jede Art der im Betrieb vorkommenden Prüfarbeiten, z. B.
- Wiederholungsprüfung beim Kunden oder in der Werkstatt,
- Reparatur und anschließende Prüfung beim Kunden oder in der Werkstatt,
- Wiederholungsprüfung von fest mit der Anlage verbundenen Geräten beim Kunden,
- Übernahme der zu prüfenden Geräte und Vorführungen im Ladengeschäft,

feststellen, ob und welche Gefährdungen sich dort möglicherweise beim Einhalten/Nichteinhalten der Arbeitsanweisungen ergeben können. Erst dann kann entschieden werden:
- ob bei diesen Arbeiten wirklich eine Gefährdung entsteht (F 9.1),
- unter welchen festzulegenden Voraussetzungen keine Gefährdung auftritt (F 9.2),
- welche Prüfgeräte, Werkzeuge, Sicherheitsmittel und persönlichen Schutzausrüstungen zu verwenden sind, damit diese Gefährdung nicht zur *Gefahr* wird (F 9.4) [5.4],
- welches Verhalten der Prüfenden notwendig und zu fordern ist (Tafel 9.1),
- wer mit welcher Qualifikation die jeweiligen Prüfarbeiten am jeweiligen Ort durchführen darf.

Diese Gefährdungsbeurteilung muss nach [2.6] in Unternehmen mit mehr als 10 Mitarbeitern nach [2.6] dokumentiert werden. Im Interesse der gründlichen Durchführung und der Rechtssichertheit des Verantwortlichen sollte sie jedoch in jedem Fall, zumindest als Niederschrift über die darüber erfolgte Unterweisung, zu den Akten genommen werden [5.4].

10 Nachweis der Prüfung

Ein Nachweis über das Ergebnis der Prüfung wurde bisher weder in den Normen noch in den gesetzlichen Vorgaben [1.2] [2.1] ausdrücklich gefordert. Nunmehr heißt es aber in DIN VDE 0701 Teil 1
„Die bestandene Prüfung ist in geeigneter Weise zu dokumentieren"
und in DIN VDE 0702 wird voraussichtlich zu lesen sein
„Es wird empfohlen
- die bestandene Prüfung in geeigneter Form zu dokumentieren
- defekte Geräte zu kennzeichnen
- die Messwerte aufzuzeichnen"

Es liegt somit weitgehend in der Verantwortung der jeweils verantwortlichen Fachkraft bzw. ergibt sich durch eine entsprechende Forderung des Auftraggebers, ob und in welcher Form ein solcher Nachweis geführt wird.
In der UVV BGV A2 wird unter § 5 (3) [1.2] allerdings deutlich zum Ausdruck gebracht, dass „auf Verlangen" ein „Prüfbuch" zu führen ist. Eine entsprechende Forderung kann demnach vom Aufsichtsbeamten der jeweiligen Berufsgenossenschaft erhoben werden, wenn er dies aufgrund seiner Kontrollergebnisse für erforderlich hält.
Der für die Prüfung verantwortlichen Fachkraft sei aber empfohlen, in jedem Fall die durchgeführten Prüfungen und ihre Ergebnisse zu dokumentieren. Dafür sprechen folgende Gründe:
1. Dem Auftraggeber gegenüber wird ein Arbeitsnachweis erbracht; Geräte die zu reparieren oder auszusondern sind, können ausdrücklich benannt werden.
2. Die verantwortliche Fachkraft kann bei Reklamationen, Schäden oder Kontrollen, z. B durch die Gewerbeaufsicht oder die Berufsgenossenschaft, den Nachweis der vorschriftsmäßigen Arbeit führen.
3. Der Prüfer bestätigt damit die ordnungsgemäße Durchführung seiner Arbeit und übernimmt so ausdrücklich die Verantwortung für den ordnungsgemäßen, sicheren Zustand des von ihm geprüften Gerätes.
4. Der für das Prüfen Verantwortliche kann auf diese Weise die Qualität der Arbeit seiner Mitarbeiter kontrollieren.

5. Es bietet sich damit die Möglichkeit einer statistischen Auswertung sowie der regelmäßigen Erinnerung an Informationsgespräche, Unterweisungen oder Kundenkontakte.

Die Form, in der dieser Nachweis geführt wird, bleibt dem jeweils Verantwortlichen überlassen. Der angebotene Protokollvordruck (**Bild 10.1**) ist ein Vorschlag für ein Protokoll, mit dem die Prüfung eines Gerätes nach seiner Instandsetzung dokumentiert werden kann. Mit seinem Ausfüllen ist allerdings ein hoher Aufwand verbunden. Es kann aber auf seiner Grundlage mit dem PC auch ein einfacherer eigener Vordruck geschaffen werden, der den Gegebenheiten des eigenen Betriebes auf rationellste Weise entspricht. **Bild 10.2** zeigt eine komplette und ausführliche Dokumentation der Wiederholungsprüfung eines Elektrofachbetriebs für die elektrischen Geräte eines seiner Kunden. Sie besteht aus
– dem Protokoll
– dem Messprotokoll sowie
– dem Informationsblatt.

Das Prüfprotokoll ist zur Übergabe an den Auftraggeber bestimmt und hat *rechtliche* und *vertragliche Bedeutung*. Das Messprotokoll dient der *fachlichen Information* und ist für die eigene Auswertung gedacht, gegebenenfalls kann es auch dem Auftraggeber übergeben werden.

Mit dem Informationsblatt erhält der Auftraggeber *fachliche Hinweise* – von gleichzeitig *rechtlicher Bedeutung* – zu
– sicherheitstechnisch bedeutungsvollen Schlussfolgerungen des Prüfers und
– sich daraus ergebenden Konsequenzen für den Auftraggeber beim weiteren Umgang mit den geprüften Geräten.

Das Erarbeiten und Benutzen dieser ausführlichen Dokumentation ist auf rationelle Weise nur mit Hilfe eines PC-Programms machbar. Eine solche Möglichkeit bietet z. B. die Software "e-manager". Eine Demoversion finden Sie auf der beiliegenden CD.

Natürlich sind auch weniger aufwendige Dokumentationen möglich und ausreichend. Bild 10.3 zeigt dafür zwei Beispiele.

Für eine Kennzeichnung der geprüften Geräte gibt es keine verbindlichen Vorgaben. Notwendig ist sie natürlich. Der Nutzer soll sich ja vor dem Einschalten von dem einwandfreien Zustand des Gerätes überzeugen. Durch das Vorhandensein einer entsprechenden Kennzeichnung wird ihm bestätigt, dass auch die nicht durch seine „Sichtprüfung" zu beurteilenden Sicherheitsmaßnahmen vorhanden und wirksam sind. Es ist wünschenswert und muss durch die Kennzeichnung ermöglicht werden, dass jeder Bürger, im privaten und gewerblichen Bereich, **das Benutzen eines Gerätes ohne gültige Kennzeichnung ablehnt.**

Prüfprotokoll für instandgesetzte elektrische Geräte nach BGV A2, GUV 2.10 DIN VDE 0701	**SITECH GMBH** Errichten und Prüfen von Sicherheitsanlagen

Auftragsdaten

Auftraggeber .... | Auftrag Nr .... | Gerät, Anzahl............., Typ....................
Bezeichnung...........................
Hersteller ....Fabr. Nr.........
Nennspannung........... Nennleistung..........
Baujahr ....Schutzklasse..........

Fehlerangabe (Kunde)..
Zustand des Geräts..
Anlieferung am..........., angenommen von....................Funktionsprobe ? ja/nein........
Bemerkung ....

Durchgeführte Instandsetzung ....

Eingesetzte neue Teile ....
Eingesetztes Material..
Änderungen gegenüber Originalzustand ja/nein ....(s. Anlage) 1)
Bemerkungen..
Instandgesetzt durch ....abgeschlossen am ....

Prüfung nach der Instandsetzung (DIN VDE 0701-1 und Teil....., DIN VDE..........)

1. Besichtigen : [+|-]
- Gehäuse — Abdeckungen — sonst. Teile
- Steckvorr. — Anschlussleitung — Zugentlastung — Allgemein
- Aufschriften — Kennwerte Sichr. — VDE/GS-Zeichen
- Kühlöffnungen — Schutzeinrichtung — Filter

Anzeichen von Überlastung oder unsachgemäßem Gebrauch ja/nein........(s. Anlage) 1)

2. Erproben : [+|-]
- Schalter — Abdeckungen — Regler
- Stecker — Zugentlastung — Schutzart/Öffnungen
- Anschlüsse — Standfestigkeit — Erwärmung

3. Messen :
Betriebsstrom .....A Betriebsspannung......V Leistungsaufnahme..... W ....
Schutzleiterwiderstand ....Ohm; Isolationswiderstand ......, ..., ...MOhm

gemessen als 1)
Schutzleiterstrom..........., ..., ..., ..., ... mA [I | ∆I | I EA]
Berührungsstrom......, ..., ..., ..., ... mA [I | ∆I | I EA]

Verwendete Messgeräte........................., ..., ...,

4. Sonstige Prüfungen...

Prüfergebnis:
Gerät mängelfrei, sicher und funktionsfähig , Prüfmarke angebracht ja/nein .... 1)
Instandsetzung noch/nicht notwendig/möglich/erfolgt weil.......................................
Sonstige Bemerkungen ....
....Nächster Prüftermin (Empfehlung)..............
Geprüft durch....................Elektrofachkraft/ el. unterwiesene Person 1)

..............den.....................   ....
Prüfer   Unternehmer/Verantwortlicher

1) nicht zutreffendes b. streichen, gegebenenfalls ergänzen

Bild 10.1 *Vorschlag für einen Protokollvordruck, mit dem eine nach DIN VDE 0701 durchgeführte Prüfung nach der Instandsetzung dokumentiert werden kann.*

SITECH GMBH

Prüfprotokoll

Für Frau/Herrn/Betrieb..
Anschrift ....
wurde an .... elektrischen Geräten eine Prüfung nach: BGV A2 o DIN VDE 0701 o
DIN VDE 0702 o DIN VDE 0113 o .... o[1] durchgeführt.
Die mit der Prüfmarke/Prüfplombe /............................[1] unseres Betriebes gekennzeichneten
.... Geräte haben die Prüfung bestanden und entsprechen den für sie geltenden Normen, die Sicherheit für ihre Benutzer ist bei bestimmungsgemäßem, Gebrauch gewährleistet. Die nächste Wiederholungsprüfung sollte spätestens zu den auf den Prüfmarken/ Prüfplomben/..............[1] angegebenen Terminen .... erfolgen

Die Prüfungen wurden mit den Prüfgeräten.
1. .... 2. ....
3. .... 4. ....

vorgenommen. Die Aufstellung der Geräte und die Prüfergebnisse sind im anliegenden [1] Messprotokoll/in der betrieblichen Dokumentation enthalten/gespeichert und können eingesehen oder von uns abgefordert werden.
Bemerkungen..
....

Zu diesem Protokoll gehören:
- der Anhang Messprotokoll[1] mit .... Seiten,
- der Anhang (.... Seiten)[1] mit Informationen über den Zustand einiger der zur Prüfung vorgestellten Geräte und den von uns als erforderlich angesehenen Maßnahmen zum Gewährleisten der Sicherheit.

Die ordnungsgemäße Durchführung Der Erhalt dieses Prüfprotokolls mit
der Prüfung wird bestätigt: - dem Anhang Informationen und
 - Messprotokoll wird bestätigt [1]

............den................ ...., den.....................

....
(prüfende Elektrofachkraft) (SITECH GMBH) (Auftraggeber)

1) entsprechend ergänzen oder streichen

Bild 10.2 Vorschlag für eine ausführliche Dokumentation der Wiederholungsprüfung
 a) Prüfprotokoll

SITECH GMBH

Messprotokoll

Anlage (...Seiten) zum Prüfprotokoll der für den Auftraggeber
Frau/Herrn/Betrieb..
Anschrift ....
am......... durchgeführten Prüfung/Messungen nach DIN VDE 0701 ○ DIN VDE 0702 ○ DIN VDE 0113 ○
.... ○ 1)
Es ergaben sich an den nachfolgend aufgeführten elektrischen Geräten folgende Messergebnisse:

Prüfling Bezeichnung/Nr. Skl	Be- sich- ti- gung	R_{SL} Ohm	R_{iso} MOhm	Ableit- strom mA	mA	gemes- sen als * I_{direkt} * I_{diff} * I_{EA}	Funk- tions- prü- fung	Ergebnis, Bemerkung (Ergänzung im Anhang)

Angewandte Prüfgeräte:..............................., ..., ...
Erläuterung zu den Messwertangaben:
* i.O./ o.k. Prüfung bestanden und/oder Messwert weit unter/über dem Grenzwert der Norm und daher nicht ablesbar
* OL Messwert weit über/unter dem Grenzwert und/oder dem Messbereich des Prüfgeräts
* Schutzleiter-/Berührungsstrom gemessen als : d direkt , diff als Differenzstrom, I_{EA} als Ersatzableitstrom
Die ordnungsgemäße Durchführung der Messungen wird bestätigt:
..............................., den ....

....
Prüfende Elektrofachkraft   Unternehmer/Verantwortliche Elektrofachkraft
1) entsprechend ergänzen oder streichen

Bild 10.2   *b) Messprotokoll*

SITECH GMBH

Informationen über besondere Ergebnisse der Geräteprüfung

Anlage zum Prüfprotokoll der für den Auftraggeber Frau/Herrn/Betrieb...
Anschrift ....
am......... durchgeführten Prüfung nach DIN VDE 0701 ○   DIN VDE 0702 ○   DIN VDE 0113 ○ .... ○ [1)]
An den nachfolgend aufgeführten elektrischen Geräten wurden bei der Prüfung Besonderheiten festgestellt, die eine weitere Verwendung in diesem Zustand ausschließen bzw. bei ihrer weiteren Verwendung zu beachten sind :

1. Folgende Geräte konnten nicht oder nicht vollständig geprüft werden, sie sind nochmals vorzustellen:

Gerät	Grund der nicht abgeschlossenen Prüfung	empfohlener neuer Termin
1.		
2.		
3.		

2. Die nachstehend aufgeführten Geräte weisen kein GS-Zeichen und kein VDE- oder gleichwertiges Zeichen auf.
Trotz der bestandenen Prüfung können wir daher nicht bestätigen, dass die konstruktive Gestaltung dieser Geräte auch langfristig einen sicheren Gebrauch gewährleistet.

Gerät	Mangel/Schaden	Empfohlene Maßnahme
1.		
2.		
3.		

3. Bei folgenden Geräte wurden Mängel festgestellt, die einen weiteren Gebrauch nicht zulassen.
Werden Sie in dem gegenwärtigen Zustand benutzt, so können sich Gefahren für den Benutzer (elektrischer Schlag) oder Beschädigungen von Sachen (Entzündung) ergeben. Wir empfehlen folgende Maßnahmen:

Gerät	Mangel/Schaden	Empfohlene Maßnahme
1.		
2.		
3.		

4 Folgende Geräte wurden offensichtlich unsachgemäß benutzt.
Durch die Art der Benutzung konnten Schäden und damit eine Gefährdung des Benutzers eintreten.
Sie befinden sich jetzt in einem ordnungsgemäßen Zustand, wir bitten, jedoch, die betreffenden Anwender entsprechend zu informieren.

Gerät	Beeinträchtigung/unsachgemäße Verwendung
1.	
2.	
3.	

Die ordnungsgemäße Auswertung
der Prüfung wird bestätigt:

.............den...............

....
(prüfende Elektrofachkraft)   (Unternehmer)
1) entsprechend ergänzen oder streichen

Der Erhalt dieser Information
wird bestätigt [1)]

................., den.......................

....
(Auftraggeber)

Bild 10.2   c) Informationsblatt

Die Art der Kennzeichnung der geprüften Geräte ist der verantwortlichen Fachkraft überlassen. Beispiele zeigt **Bild 10.4**, im Anhang 2. Durch sie muss
- eine eindeutige, auch für nichtfachkundige und fremdsprachige Bürger verständliche Aussage über ihre Gültigkeit, d. h. über den Zeitpunkt der nächsten Prüfung getroffen werden und
- der prüfende Betrieb erkennbar sein.

Protokoll

Instandsetzung mit Prüfung – Wiederholungsprüfung – ortsveränderlicher Geräte nach BGV A2 und DIN VDE 0701/0702

Auftragnummer ...., Auftragannahme am ...., Fertigstellung vereinbart am ...., Rückgabe erfolgte am ....
Auftraggeber/Arbeitsstätte/Betreiber ....
Umfang der Prüfung: .... Geräte, davon: .... Leuchten, ... Leitungen, ... elektromot. Handg., ... Heizg., ... Haushaltgroßg., ...Haushaltkleing., ... , ... , ...
Besondere Vorgaben/Fehlerangaben
Zusätzliche Normenvorgaben
Entsprechend der Art und der Schutzklasse der Geräte wurden die in den Normen DIN VDE 0701/0702 vorgeschriebenen Prüfgänge sowie die Funktionsprüfung vorgenommen.
Bei ..... den geprüften Geräten wurde der ordnungsgemäße Zustand nachgewiesen.
Diese Geräte wurden mit der Prüfmarke/Prüfblombe .... versehen. Nächster Prüftermin ....
Die Messungen sind vom Prüfer ..... mit dem Prüfgerät ..... durchgeführt worden.
(Prüf- und Messwerte der einzelnen Geräte siehe Blatt 2 des Protokolls)
Bei Geräten ist eine Reparatur erforderlich. Begründung ....
Für ..... Geräte wird eine Aussonderung empfohlen. Begründung ....
Die Entscheidung darüber ist vom Auftraggeber/Betreiber zu treffen.
Die betreffenden Geräte sind mit .... gekennzeichnet
Datum .... Unterschrift des Prüfers .... FIRMENSTEMPEL

Bild 10.3 Mit PC selbst zu entwerfende einfache Prüfprotokolle (Beispiel 1)

Natürlich sollte sie auch
- so widerstandsfähig sein, dass ihre Angaben unter den zu erwartenden Betriebsbedingungen bis zum nächsten Prüftermin lesbar sind,
- nicht abgelöst werden können, ohne dabei zerstört zu werden.

Frage 10.1 Muss für jedes geprüfte Gerät ein gesondertes Protokoll angefertigt werden?

Nein. Es genügt, zu mindest nach Wiederholungsprüfungen, auch ein Protokoll für eine Gruppe von Geräten, die alle z. B. einem bestimmten Betriebsbereich, einer Baustelle oder einem Kunden zuzuordnen sind und

---

Prüfnachweis für ortsveränderliche elektrische Geräte

An den nachstehend aufgeführten Geräten des Kunden................... wurden durch Elektrobetrieb Sichermann, Vorschriftenweg 702, 01001 Prüfstadt
nach   ( ) DIN VDE 0701 Teil 1 und Teil ..... eine Instandsetzung und Prüfung
( ) DIN VDE 0702 eine Wiederholungsprüfung
vorgenommen.

Gerätetyp	Prüfergebnis (gut schlecht)	Bemerkung/Empfehlung zur weiteren Veranlassung (Reparatur Aussonderung Sonstiges)
1.		
2.		
3.		
4.		
5.		
usw.		
Als Prüfmittel wurden verwendet		
Die als „gut" bezeichneten Geräte erhielten eine Prüfmarke mit dem Termin		
Prüfstadt, den .... Kenntnis genommen		
(Prüfer) (Nutzer/Auftraggeber) ( ) zutreffendes ankreuzen		

Bild 10.3   Mit PC selbst zu entwerfende einfache Prüfprotokolle (Beispiel 2)

innerhalb eines Auftrages geprüft wurden. Allerdings muss sichergestellt sein, dass die Zuordnung eines jeden der geprüften Geräte zu dem gemeinsamen Prüfprotokoll eindeutig festgestellt werden kann. Dies ist gewährleistet, wenn einerseits das Prüfprotokoll das Durchführen der Prüfung an diesen Geräten des Auftraggebers bestätigt und andererseits die Geräte mit der Kennzeichnung des prüfenden Betriebes versehen sind.

Frage 10.2 Müssen im Protokoll alle Messwerte angegeben werden?

Mit der Angabe im Protokoll, dass die nach den Normen DIN VDE 0701/0702 geforderten Nachweise erbracht worden sind, wird das Einhalten der geforderten Grenzwerte bestätigt. Das Nennen der tatsächlich gemessenen Werte ist somit weder vom rechtlichen noch vom prüftechnischen Standpunkt her erforderlich. Hinzu kommt, dass die Messwerte nicht reproduzierbar sind, eine nochmalige Messung, noch dazu mit einem anderen Prüfgerät, würde in Abhängigkeit von vielen den Messvorgang beeinflussenden Umständen andere Werte erbringen (F 6.17 und F 7.2). Außerdem ist bei der Verwendung von Prüfgeräten, die nur eine Ja/Nein-Aussage zur Verfügung stellen, ohnehin keine Angabe eines Messwertes möglich. Wichtig ist, der Prüfer bestätigt und verantwortet, dass sich das zu prüfende Gerät in einem ordnungsgemäßen Zustand befindet, den Anforderungen der Norm genügt und somit sicher ist (Abschnitt 4). Ob nun als Prüfergebnis der ermittelte Messwert oder z. B. „i. O.", „bestanden" oder beim
- Isolationswiderstand „$\geq$ 30 MΩ", „∞",
- Schutzleiterwiderstand „$\leq$ 0,3 Ω", „i. O.",
- Ableitstrom „0 mA"

eingetragen wird, ist unerheblich.

Als Ausnahme könnte man die Prüfung von Heizgeräten betrachten, bei denen das Messergebnis zeigt, dass ihr Isolationswiderstand unter dem geforderten Wert liegt (F 6.35). Hier führt erst die Messung des Ableitstromes zu dem vom Prüfer zu verantwortenden positiven Prüfergebnis. Ebenso kann die Angabe des Messwertes sinnvoll sein, um eine nicht bestandene Prüfung zu begründen.

Frage 10.3 Sind Ausdrucke eines Prüfgerätes als Nachweis zulässig?

Die Entscheidung darüber liegt bei der verantwortlichen Elektrofachkraft. Auch der Auftraggeber kann natürlich seine Forderungen stellen. Wenn beide mit den ausgedruckten Belegen des Prüfgerätes zufrieden sind, ist gegen diese Verfahrensweise nichts einzuwenden. Die Unterschrift des Prüfenden darf natürlich nicht fehlen. Wichtig ist nicht die Form des Protokolls, sondern die eindeutige Bestätigung der normgerechten Prüfung. Dies könnte durchaus auch eine kurze Bemerkung auf der dem Kunden für die Prüfung übergebenen Rechnung sein.

Frage 10.4 Wer muss das Prüfprotokoll unterschreiben?
Der betreffende Unternehmer oder die von ihm mit dem Prüfen beauftragte verantwortliche Elektrofachkraft. Nur diese kann entscheiden, ob die Prüfung vorschriftsmäßig erfolgte. Natürlich darf sie wiederum ihre Verantwortung auch einer anderen Elektrofachkraft übertragen, wenn diese bei allen die Prüfung betreffenden Fragen über ausreichende Kenntnisse und Erfahrungen verfügt. Empfehlenswert ist, dass auch die unmittelbar prüfende Fachkraft/unterwiesene Person das Protokoll mit unterschreibt oder auf andere Weise ihre ordnungsgemäße Prüfarbeit bestätigt.

Frage 10.5 Wer erhält das Prüfprotokoll?
Wichtig ist das Protokoll vor allem für den Prüfenden selbst. Es ist aber zu empfehlen, auch dem Auftraggeber bzw. dem betreffenden Betriebsbereich ein Exemplar auszuhändigen. Damit wird auf die Bedeutung dieser Prüfung und den nächsten Prüftermin hingewiesen. Für Unternehmen – als Auftraggeber oder als Verantwortlicher für die Prüfung – ist ein Protokoll oder Prüfnachweis wichtig, um gegebenenfalls gegenüber einem Kontrollorgan, z. B. der Versicherung, das Einhalten der gesetzlichen und vertraglichen Auflagen nachweisen zu können.

Frage 10.6 Genügt als Prüfprotokoll ein Buch am Prüfplatz, in dem die Prüfungen angegeben werden?
Wenn die notwendigen Angaben (F 10.2) in diesem Buch enthalten sind, ist es sicherlich für den Prüfenden eine ausreichende Dokumentation. Natürlich muss trotzdem dem Auftraggeber die Durchführung der Prüfung nach BGV A2 und den Normen in irgendeiner Form, z. B. als Bemerkung auf der Rechnung, bestätigt werden (F 10.3).

Frage 10.7 Lohnt es sich Prüfgeräte anzuschaffen, die das Prüfergebnis ausdrucken oder den Ausdruck eines Protokolls durch einen PC ermöglichen?
Dies hängt vor allem von der Anzahl der täglich oder wöchentlich zu prüfenden Geräte (F 7.7) und der notwendigen Art der Protokolle ab. Wird nur gelegentlich oder je nach Arbeitsanfall an verschiedenen Orten ge-

prüft, soll das Prüfgerät ständig mitgeführt werden, um immer eine plötzlich notwendig werdende Prüfung vornehmen zu können, so ist die Anwendung der einfachen Prüfgeräte (Bilder 7.1 und 7.4, s. Anhang 2) zu empfehlen. Werden ständig durch die gleichen Fachkräfte für die gleichen Auftrageber/ Betriebsbereiche immer wieder die ortsveränderlichen Geräte geprüft, so lohnt es sich, die technischen und organisatorischen Möglichkeiten zu nutzen, die sich bei der Anwendung der modernen Geräte (Bild 7.2, s. Anhang 2) ergeben.

Vor der Entscheidung sind auch folgende Möglichkeiten bzw. Arbeitsaufgaben zu bedenken:
– Verwenden eines einfachen Protokollvordrucks (Bild 10.3), dem dann die Ausdrucke des Prüfgeräts beigefügt werden,
– Entwickeln eigener Software für das betriebspezifische Prüfprotokoll,
– Verwenden der von verschiedenen Herstellern angebotenen Software für die gesamte Organisation der Geräteverwaltung und -prüfung. (s. beiliegende CD)

Es ist aber bei dieser Entscheidung auch zu beachten, dass der Einsatz eines solchen Gerätes eine sorgfältige Arbeit erzwingt und die Möglichkeit subjektiver Fehler des Prüfers vermindert.

Frage 10.8 Muss jedes geprüfte Gerät gekennzeichnet werden?

Ohne eine Prüfmarke oder eine andere gleichwertige Kennzeichnung (Bild 10.4, s. Anhang 2) ist die eingangs geforderte Kontrolle durch den jeweiligen Nutzer nicht möglich. Es muss jedoch akzeptiert werden, wenn der Eigentümer der geprüften Geräte eine solche Kennzeichnung z. B. aus ästhetischen Gründen ablehnt. Er hat die Verantwortung für die Sicherheit in seinem Bereich und muss dann auf andere Weise dafür sorgen, dass
– keine ungeprüften Geräte genutzt werden und
– der nächste Prüftermin nicht vergessen wird.

Frage 10.9 Ist als Kennzeichnung ein einfacher Farbklecks zulässig?

Wenn dessen Bedeutung (z. B. Prüfung ist im Jahr 2001 erfolgt, nächste Prüfung muss bis 12/2002 erfolgen) den Nutzern der Geräte z. B. durch betriebliche Anweisung bekannt gemacht wurde, ist dagegen nichts einzuwenden.

Frage 10.10   Wie ist bei negativ ausgefallener Prüfung zu verfahren?

Die Geräte sind vom Prüfer unmittelbar im Anschluss an die nicht bestandene Prüfung entsprechend zu kennzeichnen; Bild 10.4 c im Anhang 2 zeigt einige Möglichkeiten. Dem Besitzer oder Nutzer eines solchen Gerätes sollte darüber hinaus z. B. durch einen Vermerk im Protokoll nachweisbar empfohlen werden, welche Verfahrensweise – Reparatur/Verschrottung – vom Prüfer als sinnvoll angesehen wurde. Die Unterschrift des Nutzers unter das betreffende Protokoll ist dann zwar für den prüfenden Betrieb nicht erforderlich und auch nicht immer durchsetzbar, trotzdem aber empfehlenswert. Auf eine Kennzeichnung kann nur verzichtet werden, wenn Reparatur/Verschrottung unmittelbar im Zusammenhang mit der Prüfung erfolgen.

Frage 10.11   Welche Angaben muss die Kennzeichnung enthalten?

Es hat sich als notwendig, aber auch als ausreichend erwiesen, wenn der Nutzer des betreffenden Gerätes eindeutig auf den nächsten Prüftermin und damit auf die Notwendigkeit der nächsten Prüfung hingewiesen wird. Die im Bild 10.4 im Anhang 2 gezeigten Prüfmarken sind dafür das typische Beispiel. Nicht sinnvoll ist, den Termin der durchgeführten Prüfung anzugeben. Es kann ja nicht erwartet werden, dass die Nutzer über den festgelegten Prüfturnus informiert sind.

Andererseits ist der prüfende Elektrofachbetrieb nicht berechtigt und nicht verpflichtet, den nächsten Prüftermin der Geräte seiner Kunden festzulegen. Das heißt:
Seine Terminangabe ist immer nur ein Vorschlag, der sich aus seiner Kenntnis der geprüften Geräte und der voraussichtlichen Art und Häufigkeit der Nutzung ableitet. Verantwortlich für das Festlegen der Prüftermine ist immer der Besitzer/Betreiber des jeweiligen Geräts.

Frage 10.12   Welche Vorteile ergeben sich, wenn die Messwerte exakt und vollständig dokumentiert werden?

Wie bereits gesagt (F 10.2), ist die Angabe der gemessenen Werte für den Sachkundigen nur eine nochmalige Darstellung des bereits bestätigten Prüfergebnisses. Natürlich ist es für den Auftraggeber beeindruckend, wenn er mit vielen Messergebnissen konfrontiert wird. Außerdem wird ihm der Prüfaufwand deutlich gemacht, das allerdings ist ein Vorteil.
Es gibt auch die Ansicht, je mehr Messdaten protokolliert werden, umso glaubwürdiger ist das Gesamtergebnis, umso gründlicher hat der Prüfer ar-

beiten müssen. Ob nun die verantwortliche Fachkraft aus diesen Gründen das Protokollieren der Messwerte für die internen Akten oder im Protokoll für den Kunden als notwendig ansieht, bleibt ihr überlassen. Es wird auch die Meinung vertreten, dass mit dem Protokollieren der Messwerte die zeitliche Entwicklung des Zustandes der Geräte ermittelt werden kann. Gewissermassen soll damit z. B. die Alterung der Isolation überwacht werden. Wer sich diese Informationen beschaffen will, der muss sichern, dass immer wieder mit dem gleichen Gerät unter gleichen Bedingungen geprüft wird und z. B. Widerstandswerte bis in den Gigaohm-Bereich ermittelt werden können. Dies ist fast unmöglich und erfordert zusätzlichen Aufwand. Ein erfahrener Prüfer kennt die „Normalwerte" der Gerätetypen und muss unabhängig von einem früher gemessenen Wert stets neu entscheiden, ob das Gerät bis zum nächsten vorgesehenen Prüftermin einen sicheren Betrieb gewährleistet.

Frage 10.13 Ist es notwendig, den Auftraggeber über den richtigen Umgang mit den Geräten zu informieren?

Wie die Unfallstatistik (Tafel 2.2) und der oftmals falsche Umgang mit den ortsveränderlichen Geräten zeigen (Abschnitt 2), ist dies sicherlich notwendig. Wer sonst soll und kann den Elektrolaien das notwendige Allgemeinwissen über die Elektrotechnik und ihr richtiges Verhalten vermitteln? Inwieweit sich die verantwortliche Elektrofachkraft dieser Aufgabe stellt, muss sie selbst entscheiden. Zeigen die Prüfergebnisse, dass mit den Geräten unsachgemäß umgegangen wurde (F 5.7), so ist es immer die Pflicht des Prüfenden, den Nutzer über das notwendige sicherheitsgerechte Verhalten und die Eigenschaften der Geräte zu informieren. Der sachgemäße Umgang ist ja schließlich eine Voraussetzung für seine Aussage, dass für den Anwender bis zur nächsten Prüfung die Sicherheit gewährleistet ist.
Es ist somit sicherlich nützlich und empfehlenswert, dass ein Elektrofachbetrieb seine Kunden auch ohne direkten Anlass stets gut informiert und ihnen vielleicht sogar eine Kundeninformationen übergibt, wie sie im Anhang 4 vorgeschlagen wird.

Effektive Planung von Elektro- und Solaranlagen

INSTROM 5.1
Software zur Planung und Berechnung von Elektroanlagen

Handbuch
mit CD-ROM
ISBN 3-341-01326-1
€ 474,30

Demo-Version
ISBN 3-341-00258-0

INSTROM 5.1
+ INSOLAR
ISBN 3-341-01301-6
€ 504,60

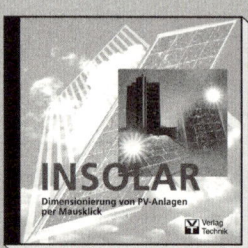

INSOLAR
Dimensionierung von PV-Anlagen per Mausklick

CD-ROM
ISBN 3-341-01299-0
€ 177,50

Demo-Version
ISBN +3-341-01304-0

INSTROM 5.1
Software zur Planung und Berechnung von Elektroanlagen

- Mit INSTROM 5.1 planen und berechnen Sie Ihre Elektroinstallationsanlagen vom Hauptstromversorgungssystem bis zu den Endstromkreisen schnell, normgerecht und produktunabhängig. Die einfache Bedienung des Programms mit vertrauter Windows-Oberfläche ermöglicht, in kürzester Zeit eine Anlage zu planen und zu berechnen sowie eine umfassende Dokumentation zu erstellen. INSTROM 5.1 enthält eine Schnittstelle zur Software INSOLAR.

INSOLAR
Dimensionierung von Photovoltaikanlagen

- INSOLAR ist eine einfach zu bedienende Software, mit der Sie netzgekoppelte Photovoltaik-Anlagen dimensionieren. Jede Berechnung läuft automatisch ab. INSOLAR ist deshalb auch ideal geeignet für Einsteiger. Alle notwendigen Unterlagen für die Anmeldung werden erstellt: Deckblatt mit den Errichter- und Betreiberdaten, Prinzipdarstellung des Aufbaus, Auflistung der verwendeten Module und Wechselrichter, Anschlusskabelberechnung und die Berechnung des zu erwartenden Ertrags.

Mehr Informationen zu den Software-Programmen finden Sie unter www.elektropraktiker.de

Tel.: 030/4 21 51-325 · Fax: 030/4 21 51-468
eMail: versandbuchhandlung@hussberlin.de

Verlag Technik · 10400 Berlin

Anhang 1
Fachausdrücke und ihre Definition

Ableitstrom

Strom, der in einem fehlerfreien Gerät zur Erde oder zu einem fremden leitfähigen Teil fließt

Änderung

Maßnahme, die nach Angaben des Herstellers zulässig ist oder der Erhöhung der Sicherheit dient

Abschaltbedingung

Bedingung für die Kennwerte einer Schutzmaßnahme, deren Wirksamkeit auf der schnellen Abschaltung des gefährlichen Zustandes beruht

Bemessungswert

Wert einer Größe, für die das Erzeugnis unter bestimmten Umgebungs- und Betriebsbedingungen bemessen wurde (früher Nennwert)

Berührungsstrom

Strom, der von berührbaren leitfähigen Teilen, die nicht mit dem Schutzleiter verbunden sind, bei der Handhabung des Gerätes über die bedienende Person zur Erde fließen kann (s. auch Körperstrom)
Anmerkung: Ein *Berührungsstrom* kann u. U auch bei der Berührung anderer Teile entstehen und nicht zur Erde fließen.

bestimmungsgemäße Verwendung, bestimmungsgemäßer Gebrauch

Anwendung unter den Bedingungen und entsprechend den Nennwerten (Bemessungswerten),
– für die das Gerät nach den Angaben seines Herstellers/Importeurs geeignet ist oder
– die sich aus der Bauart und Ausführung üblicherweise ergeben
Anmerkung: Hierzu zählen auch Bedienung, Wartung, Befestigung, Einsatzort usw. sowie das voraussehbare Fehlverhalten der Anwender.

Besichtigen

Teil der Prüfung, Feststellen des Zustandes durch bewusstes Betrachten

Bestandsschutz

Bestätigung durch das dazu berechtigte Gremium für eine bestehende Anlage (oder ein im Gebrauch befindliches Gerät), dass eine Anpassung an aktuelle Normenvorgaben nicht erforderlich ist.
Anmerkung: Der Bestandsschutz ist gegeben wenn,
- die Herstellung nach den zu diesem Zeitpunkt geltenden Normen erfolgte **und**
- in der Zwischenzeit keine den Normen widersprechende Veränderung der Anlage und auch keine *Veränderung* der auf sie wirkenden Einflüsse erfolgten **und**
- von dem dazu berechtigten Gremium keine Anpassungsforderungen erhoben wurden.

Differenzstrom

Summe der Momentanwerte der Ströme, die am netzseitigen Anschluss eines Gerätes durch alle aktiven Leiter fließen
Anmerkung: Der *Differenzstrom* ist im Fehlerfall mit dem Fehlerstrom praktisch identisch.

Eingangsprüfung

Prüfung eines Gerätes bei der Übernahme in den eigenen Verantwortungsbereich

elektrotechnisch unterwiesene Person

Person, die durch eine Elektrofachkraft über die ihr übertragenen Aufgaben und die möglichen Gefahren bei unsachgemäßem Verhalten unterrichtet und erforderlichenfalls angelernt sowie über die notwendigen Schutzeinrichtungen und Schutzmaßnahmen belehrt wurde

elektrisches (auch elektrotechnisches) Betriebsmittel

Erzeugnis/Gegenstand, der als Ganzes oder in einzelnen Teilen dem Erzeugen, Übertragen, Verteilen, Anwenden elektrischer Energie dient

elektrisches (auch elektrotechnisches) Gerät

Erzeugnis (Betriebsmittel), das zum Anschluss an eine elektrische Anlage vorgesehen ist und eine abgeschlossene Funktion erfüllen kann

Elektrofachkraft, Elektro-Fachmann/Fachfrau (für die Prüfung)

Person, die fachliche Qualifikation für das Errichten, Ändern und Instandsetzen elektrischer Anlagen und Betriebsmittel sowie ausreichende Kenntnisse und Erfahrungen über das Prüfen von Betriebsmitteln und die dabei erforderlichen Maßnahmen des Arbeitsschutzes aufweist

Elektrofachkraft in einem begrenzten Teilgebiet

Person mit mehrjähriger Tätigkeit und entsprechender, von der verantwortlichen Elektrofachkraft als ausreichend anerkannter Qualifizierung auf dem betreffenden Arbeitsgebiet der Elektrotechnik

Erproben

Teil der Prüfung, Nachweis bestimmter Eigenschaften des Prüflings durch den Ablauf elektrischer und/oder mechanischer Funktionen

Ersatzableitstrom

Ableitstrom, der in einem fehlerfreien Gerät der Schutzklasse I bei 1,06-facher Nennspannung zum Gerätekörper fließt, wenn eine Messschaltung nach Bild 6.10 a verwendet wird

Erstprüfung

Prüfung eines Erzeugnisses vor seiner ersten Inbetriebnahme, nach einer Änderung oder Instandsetzung durch den Betreiber

Fehlerstrom

Strom, der bei einem Isolationsfehler über die Fehlerstelle fließt (s. auch Differenzstrom)

fest angeschlossenes Gerät

Gerät, das nicht über eine Steckvorrichtung, sondern über Anschlussklemmen mit der Anlage verbunden ist

Gebrauchsfehler

Fehler, der sich bei bestimmungsgemäßer Anwendung (Nenngebrauchsbedingungen) ergibt

Gefährdung

Möglichkeit eines Schadens oder einer anderen gesundheitlichen Beeinträchtigung

Gefahr

Sachlage, die bei ungehindertem Ablauf mit hoher Wahrscheinlichkeit zu einem Schaden führt

Gehäuseableitstrom

über das Gehäuse eines Gerätes fließender Ableitstrom
Anmerkung: Je nach der Gestaltung des Gerätes entspricht der Gehäuseableitstrom dem Ableit- und/oder dem *Schutzleiterstrom*

Grenzwert

Wert einer bestimmten Größe, z.b. des Isolationswiderstandes oder Berührungsstromes, dessen Unter- bzw. Überschreiten Grundlage einer Gut/Schlecht-Entscheidung ist

Handgerät

ortsveränderliches Gerät, das bei seinem üblichen Gebrauch in der Hand gehalten wird

Handprobe

Prüfmethode, bei der durch sinnvolles Drehen, Ziehen, Drücken, Biegen oder andere durch die Hand des Prüfers hervorzurufende mechanische Einwirkungen, z. B. die Festigkeit einer Zugentlastung, festgestellt wird

Instandsetzung/Reparatur

Maßnahmen zum Wiederherstellen des Sollzustandes

Isoliervermögen

Fähigkeit eines elektrotechnischen Erzeugnisses, der anliegenden Spannung bis zu einem bestimmten Wert ohne Schädigung standzuhalten

Isolationswiderstand

Eigenschaft eines elektrotechnischen Erzeugnisses, mit der das Isoliervermögen und damit der Zustand der Isolation beschrieben wird

Kennwert

Wert einer Größe, mit dem bestimmte kennzeichnende Eigenschaften eines Erzeugnisses beschrieben werden

Körperstrom

Strom, der durch den Körper des Menschen oder Nutztieres fließt (s. Berührungsstrom)

Messen

Teil der Prüfung, Nachweis von Eigenschaften durch das Messen kennzeichnender Größen

Nennwert

s. *Bemessungswert*

Netzsteckdose

Steckdose eines Stromkreises in einem Prüfgerät, die Netzspannung führt

niederohmig

Beschreibung für den Widerstand eines Schutz- oder Potentialausgleichsleiters, einer Leiterschleife oder einer anderen Leiterbahn, wenn dessen Wert etwa 1 Ω oder weniger beträgt.
Anmerkungen: Als Niederohmbereich wird bei Widerstandsmessgeräten z.B. der Messbereich von 0 bis 30 Ω bezeichnet. Je nach Anwendungsfall kann ein anderer Absolutwert als „niederohmig" angesehen werden.

ortsfestes Gerät

Gerät, das
– fest angebracht ist oder
– keine Tragevorrichtung besitzt, infolge seiner Masse nicht leicht bewegt werden kann und während des Betreibens an seinen Aufstellungsort gebunden ist

ortsveränderliches Gerät

Gerät, das während des Betreibens bewegt werden oder leicht von einem Platz zu einem anderen gebracht werden kann

Prüfen

Maßnahme zum Feststellen des Zustandes eines Erzeugnisses, seiner Eigenschaften und Merkmale entsprechend den in Normen festgelegten Vorgaben

prüffähig

Bezeichnung für Erzeugniskategorien, deren Prüfung zum Nachweis ihrer Übereinstimmung mit den Normen von einer zugelassenen Prüfstelle übernommen wird

Prüffrist, Prüfturnus

vom Verantwortlichen festgelegter Zeitabstand bis zur nächsten Wiederholungsprüfung

Prüfgang

mit einem zur Bewertung geeigneten Ergebnis abgeschlossener Teil der Prüfung einer Anlage oder eines Gerätes

Prüfschritt

Teil eines Prüfganges, der für sich allein keine abschließende Bewertung ermöglicht

Prüfsteckdose

Steckdose an einem galvanisch vom Netz getrennten Stromkreis eines Prüfgeräts, die zum Anschluss der zu prüfenden Geräte beim Durchführen der Sicherheitsprüfungen vorgesehen ist

Prüfung nach der Instandsetzung oder Änderung

Prüfung, die entsprechend den in den Normen festgelegten Vorgaben nach einer Instandsetzung durchzuführen ist

Reststrom

s. *Differenzstrom*

Schutzisolierung

Schutzmaßnahme, bei der durch eine zusätzliche oder verstärkte Isolierung erreicht wird, dass im Fall einer Berührung selbst bei einem Versagen der Basisisolierung keine gefährlichen Berührungsströme zum Fließen kommen können [3.3] [3.4]

Schutzklasse

Klassifizierung elektrotechnischer Betriebsmittel hinsichtlich ihrer Gestaltung bezüglich der Art des Schutzes gegen elektrischen Schlag [3.6][3.9]

Schutzleiterstrom

bei Geräten der Schutzklasse I durch den Schutzleiter fließender Strom

Veränderung

Eingriff in ein Gerät, durch den auch eine Veränderung von Bemessungswerten und/oder der bestimmungsgemäßen Anwendung und somit bei den vom Hersteller garantierten Eigenschaften (Sicherheit und Funktion) erfolgt
Anmerkung: Eine Änderung im Sinne der Norm [3.25] ist keine *Veränderung*.

Sicherheit

Zustand bzw. Eigenschaft eines Gerätes, wenn es den geltenden Normen und gegebenenfalls den darüber hinaus geltenden Vorgaben entspricht
Anmerkung: Die in den Normen enthaltenen Festlegungen sind die Mindestanforderungen an die Sicherheit. Für bestimmte Bereiche können durch das dazu berechtigte Gremium weitere Festlegungen getroffen werden (Bild 4.3).

verantwortliche Elektrofachkraft

Elektrofachkraft, der vom Unternehmer die Leitung und Aufsicht für ein bestimmtes Arbeitsgebiet übertragen wurde

Wiederholungsprüfung
(auch wiederkehrende Prüfung, turnusmäßige Prüfung)

Prüfung, durch die festgestellt wird, ob
– sich die der Sicherheit dienenden Eigenschaften seit der letzten Prüfung verändert haben und
– der Prüfling ohne Gefährdung seines Nutzers weiterhin betrieben werden darf.
Sie wird regelmäßig in festzulegenden Zeitabständen vorgenommen.

Anhang 2
Beispiele der Prüfmittel und des Prüfzubehörs

Bild 7.1 Prüfgeräte der Kategorie „A", bei denen der Anschluss des Prüflings über die Prüfsteckdose erfolgt, die galvanisch vom Versorgungsnetz getrennt ist

Prüfverfahren	Prinzipschaltung des Prüfgeräts	Besonderheiten

* Messung Schutzleiterwiderstand (1)
* Messung Isolationswiderstand (2)
* Messung Ableitstrom (3) als
  – Schutzleiterstrom (Geräte Skl I)
  – Berührungsstrom (Geräten Skl II)
    mit dem Messverfahren „Ersatz-Ableitstrom-Messung"
	L N PE
	1 2 3
		Die Messungen können bei einigen Geräten auch über parallel zur Prüfsteckdose liegende Buchsen vorgenommen werden

Bild 7.1 a
Minitester 0701 (GMC)

Bild 7.1 b
UNITEST 0701 compact (BEHA)

Bild 7.1 c
Tester TG 701 (Neuberger)

Bild 7.1 d
Revitester 0701 (LEM)

Fortsetzung Bild 7.1

Prüfverfahren	Prinzipschaltung des Prüfgeräts	Besonderheiten

wie bei 7.1 a bis 7.1 d
* Messung Schutzleiterwiderstand (1)
* Messung Isolationswiderstand (2)
* Messung Ableitstrom (3) als
  – Schutzleiterstrom (Geräte Skl I)
  – Berührungsstrom (Geräten Skl II)
  mit dem Messverfahren „Ersatz-Ableitstrom-Messung"
und auch
* direkte Messung des Berührungs- und des Schutzleiterstroms an Prüflingen die direkt an das Versorgungsnetz angeschlossen sind (4)
	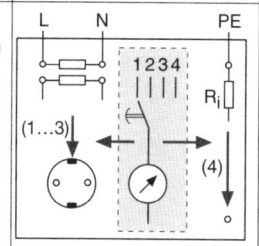 L N PE
	1 2 3 4
	R_i
	(1...3)
	(4)
		* Bei der Schutzleiterstrommessung ist ein Zwischenadapter erforderlich!
		* Bezüglich des Innenwiderstands R_i müssen die Normenvorgaben beachtet worden sein! Arbeitsschutz beachten (F 9.7)

Bild 7.1 e
C.A 61 03 (Chauvin Arnoux)

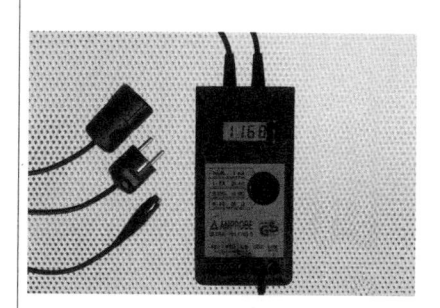

Bild 7.1 f
Ultra 0701/0702 S (Amprobe)

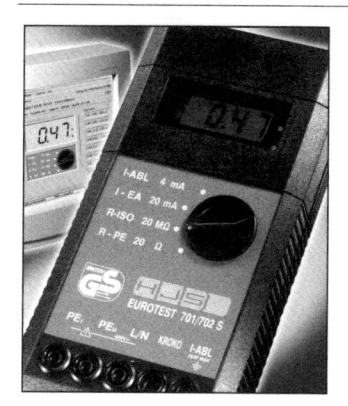

Bild 7.1 g
Eurotester
0701/0702 S (HJS)

Bild 7.2 Prüfgeräte Kategorie „B", bei denen der Anschluss des Prüflings über die Prüfsteckdose wie bei 7.1 oder über die galvanisch mit dem Versorgungsnetz verbundene Netzsteckdose erfolgt (auch Messung U (AC), I (AC))

Prüfverfahren	Prinzipschaltung des Prüfgeräts	Besonderheiten

* Messung Schutzleiterwiderstand (1)
* Messung Isolationswiderstand (2)
* Messung Ableitstrom bei
  – als Schutzleiterstrom (Geräte Skl I)
oder
  – als Berührungsstrom
    – Geräten Skl II (Berührungsstrom) mit dem Messverfahren Ersatz-Ableitstrom-Messung (3)
und
* Messung des Ableitstroms bei Geräten der Skl II (Berührungsstrom) im direkten Verfahren (4)
	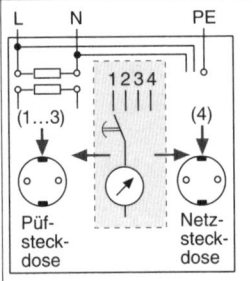 L N PE
	(1…3) 1 2 3 4 (4)
	Püfsteckdose Netzsteckdose
		Bilder 7.2 a bis d

Bild 7.2 a
Metratester 4 (GMC)

Bild 7.2 b
0701 Multitester (BEHA)
mit Zusatzfunktionen
(u.a. R_{SL} mit 0,2/10 A) und Schnittstelle

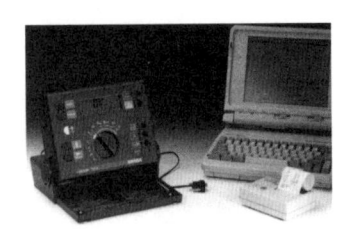

Bild 7.2 c Unilap 701(LEM)
mit Zusatzfunktionen und Schnittstelle

Bild 7.2 d
B 4110 (Siemens)

Fortsetzung Bild 7.2

Prüfverfahren	Prinzipschaltung des Prüfgeräts	Besonderheiten

wie bei 7.2 a bis d
* Messung Schutzleiterwiderstand (1)
* Messung Isolationswiderstand (2)
* Messung Ableitstrom
  – als Schutzleiterstrom (Geräte Skl I)
  oder
  – als Berührungsstrom (Geräte Skl II)
  mit dem Messverfahren Ersatz-
  Ableitstrom-Messung (3)
und
* Messung Ableitstrom im direkten
  oder Differenzstrommessverfahren
  – als Schutzleiterstrom
    (Geräte Skl I) (4)
sowie
  – als Berührungsstrom
    (Geräte Skl II) (5)
	L N PE
	(1...3) 12345 (4, 5)
	Püfsteckdose Netzsteckdose
		Bilder
		7.2 e und 7.2 f

Bild 7.2 e
Metratester 5 (GMC)

Bild 7.2 f
Unitester 0701/0702 Profiversion (BEHA)

Bild 7.3 Prüfgeräte der Kategorie „C", bei denen der Anschluss des Prüflings über eine Steckdose erfolgt, die durch die Steuerlogik zunächst die Funktion der Prüfsteckdose und nach dem positiven Ablauf der Prüfungen 2 bis 3 die Funktion der Netzsteckdose erhält (Messung U (AC), I (AC)), Datenschnittstelle, automatischer Prüfablauf, Bildschirmführung, Messwertspeicherung)

Prüfverfahren	Prinzipschaltung des Prüfgeräts	Besonderheiten

Steckdose mit Funktion Prüfsteckdose
* Messung Schutzleiterwiderstand (1)
* Messung Isolationswiderstand (2)
* Messung Ableitstrom als
  – Schutzleiterstrom (Geräte Skl I)
  oder
  – Berührungsstrom (Geräte Skl II)
    mit dem Verfahren Ersatz-Ableit-
    strom-Messung (3)
und nach Abschluss dieser Messungen
Steckdose mit Funktion Netzsteckdose
* Messung des Ableitstroms im
  direkten oder Differenzstrommess-
  verfahren
  – als Schutzleiterstrom (4) oder
  – als Berührungsstrom (5)
	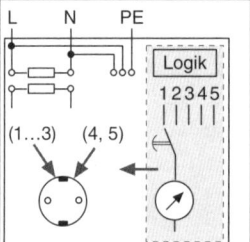 L N PE
	Logik
	1 2 3 4 5
	(1...3) (4, 5)
		auch Prüfung durch Einzelmessungen möglich

Bild 7.3 a Secutest 0701/702 S (GMC)
Zusatzfunktionen: Leistung, cos phi, Temperatur, Barcodeleser, Druckermodul intern, auch Prüfung medizinischer elektrischer Geräte nach DIN VDE 0751

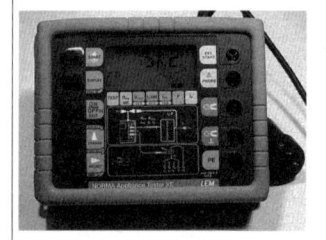

Bild 7.3 b Saturn 700 XE (LEM)
Zusatzfunktionen: Leistung, cos phi

Bild 7.3 c
GT 0701/0702 (Neutec)

Bild 7.3 d
Unimet 1000 ST (Bender) auch Prüfung medizinischer elektrischer Geräte nach DIN VDE 0751

Bild 7.4 Prüfgeräte bei denen das Messergebnis in Form einer Ja/Nein-Aussage nur das Über- bzw. Unterschreiten des eingestellten Grenzwertes der Norm angibt.

7.4 a Secutest electronik (GMC)
Prüflingsanschluss über Prüfsteckdose
wie Bild 7.1
* Schutzleiterwiderstand (10 A AC)
* Isolationswiderstand
* Durchgangsprüfung
* Kurzschlussprüfung (Leiter-Leiter)

7.4 b Minitester 0702 (GMC)
Prüflingsanschluss über Prüf- oder Netzsteckdose wie Bild 7.2
* Schutzleiterwiderstand (0,2 A DC)
* Schutzleiterstrom (Differenzmessung)
* Berührungsstrom (Differenzmessung oder direkte Messung)

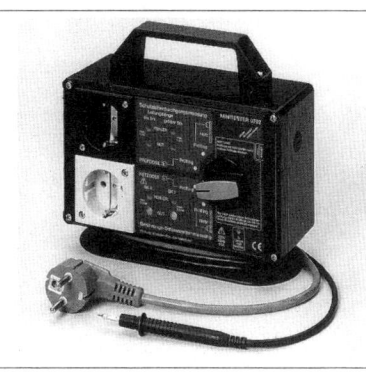

Bild 7.5 Prüftafeln zum Einrichten eines Prüfplatzes nach DIN VDE 0194 für die Prüfung elektrischer Geräte nach DIN VDE 0701/0702

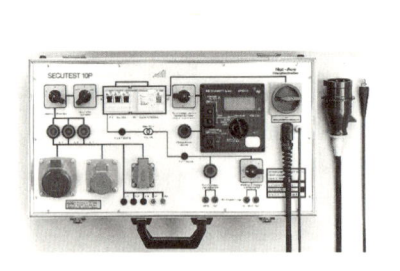

7.5 a
Transportable Prüftafel Secutest 10 P (GMC)

7.5 b
Ortsfeste Prüftafel Secutest 20 F (GMC)

FI-Schutzschalter $I_{\Delta n}$ 30 mA

Hauptschalter verschließbar mit Unterspannungsauslöser

Sicherheitstester

digitales Multifunktionsmessgerät für Strom, Spannung, Leistung und cos ρ der Prüflinge

Umschalter Tester/Netz für Prüflinge

Strom- und Spannungsmessung der Schutzkleinspannung

Anschluss für NOT-AUS-Taster extern

stellbare Schutzkleinspannung

NOT-AUS-Taster

Durchgangsprüfung

Arbeitssteckdose   Prüflingsanschlüsse

7.5 c
Prüftafel PM 5000 (MERZ GmbH) eines ortsfesten Prüfplatzes mit Darstellung der Sicherheitseinrichtungen

7.5 d
Prüftafel in Kanalbauform (Peiser)

Bild 7.6 Prüfeinrichtungen zum Nachweis der Spannungsfestigkeit

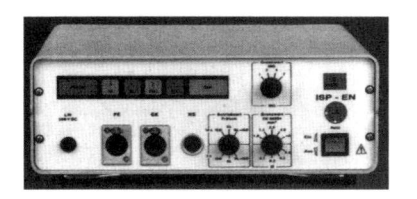

7.6 a Wechselspannungsprüfgerät Prüfspannung bis 5 kV AC (HCK)	7.6 b Impulsspannungsprüfgerät Spannungsimpulse bis 6 kV (SMF)

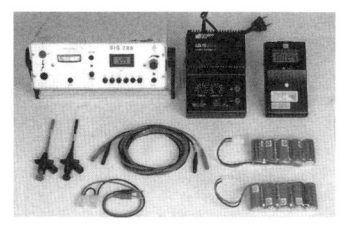

Bild 7.7 Sonstige Prüfeinrichtungen

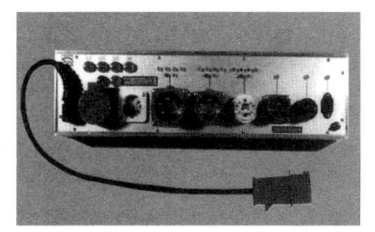

7.7 a Prüfadapter TOP/AK zum Prüfen von Verlängerungsleitungen (ETS-Schieritz)	7.7 b Adapterkoffer PAKS (ETS-Schieritz) Prüfen von Ws/DS-Leitungen u. Geräten
7.7 c Sicherheitstester AT 3 Prüfadapter für ein- und dreiphasige Geräte (GMC)	7.7 d Mobiles Prüfgerät PMLG 1400 D (MERZ GmbH) für Verlängerungsleitungen und elektrische Betriebsmittel

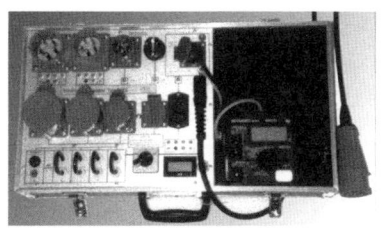

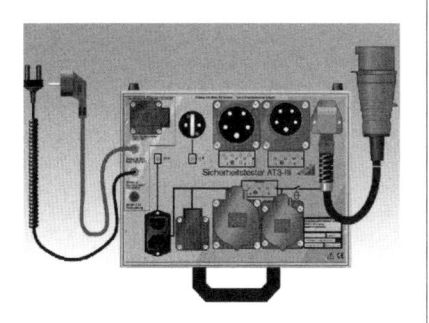

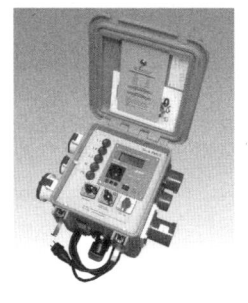

Fortsetzung Bild 7.7

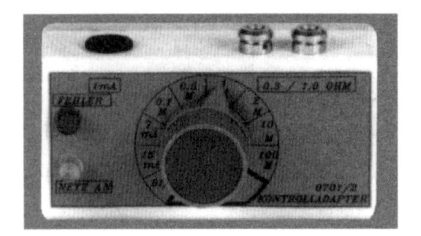

7.7 e Messnormal KA 0701 (ETS-Schieritz)	7.7 f Messgerät nach DIN VDE 0413 zum Prüfen von Schutzleiterverbindungen und Isolierungen in Anlagen
7.7 g Ergänzungsprüftafel zum Prüfen von Verlängerungsleitungen (Tailfingen)	7.7 h Leckstromzange zum Messen von Ableit- und Fehlerströmen (BEHA)

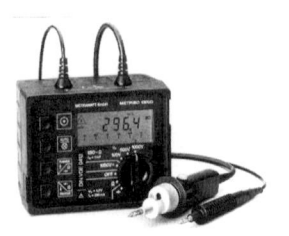

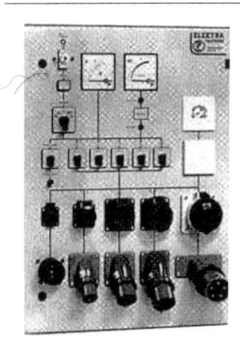

Bild 9.1 Beim Prüfen anzuwendende Sicherheitsmittel

9.1 a
Ortsveränderlicher Sicherheitsstecker PRCD mit eingebautem DI-Schutz, $I_{\Delta n}$ = 30 mA (Kopp)

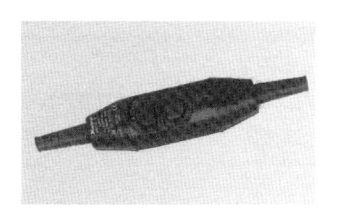

9.1 b
Ortsveränderlicher Sicherheitsadapter PRCD-S mit eingebautem DI-Schutz, Schutz auch bei Kontakt des Gerätekörpers mit Fremdspannung

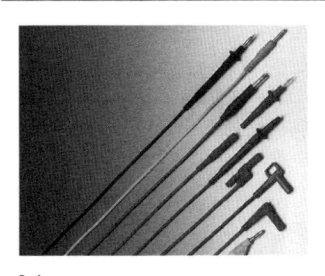

9.1 c
Messleitungen mit Berührungsschutz (HCK)

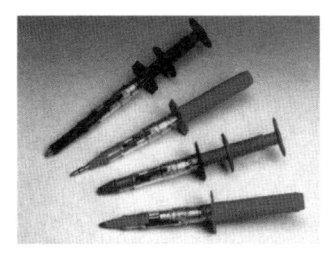

9.1 d
Sicherheitsprüfspitzen und -abgreifer (HCK)

9.1 e
Ständer für die mobile Absperrung eines zeitweiligen Prüfplatzes (ELABO)

9.1. f
Isolierstandmatte für das Isolieren des Standorts der Prüfer (Elabo)

Bild 10.4 Beispiele für die Kennzeichnung geprüfter elektrischer Geräte (Idento)

10.4 a
Prüfplaketten

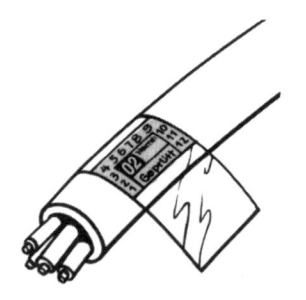

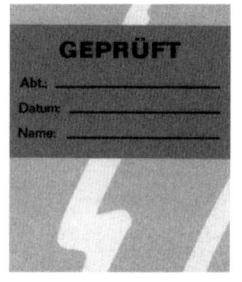

10.4 b
Kabelprüfmarkierer

10.4 c
Etiketten zur Kennzeichnung von Geräten in einem bestimmten Zustand

Anhang 3
Adressen der Hersteller von Prüfeinrichtungen und Prüfhilfsmitteln, die im Buch abgebildet sind

Firma/ Kurzname	Erzeugnisse	Anschrift	Telefon	Fax	E-Mail	Internet
Amprobe	Prüfgeräte	Mittelstraße 3 41236 Mönchengladbach/ Rheydt	(0 21 66) 9 49 91-0	(0 21 66) 61 21 68	amprobe@ amprobe.de	www.amprobe.de
BEHA	Prüfgeräte	In den Engematten 14 79286 Glottertal	(76 84) 80 09-0	(76 84) 80 09-10	info@beha.de	www.beha.com
Bender	Messsysteme	Londorfer Str. 65 35301 Grünberg	(0 64 01) 807-0	(0 64 01) 807-259	info@bender-de.com	www.bendergmbh.com
Chauvin Arnoux	Prüfgeräte	Straßburger Straße 34 77694 Kehl/Rhein	(0 78 51) 99 26-0	(0 78 51) 99 26-60	info@ chauvin-arnoux.de	www.chauvin-arnoux.com
Elektra Taifingen	Prüftafeln	Brunnenstraße 48 72461 Albstadt	(0 74 32) 18-1	(0 74 32) 18-310	info@ elektra-taifingen.de	www.elektra-taifingen.de
GMC Gossen-Metrawatt GmbH	Prüfgeräte	Thomas-Mann-Str.16-20 90473 Nürnberg	(09 11) 86 02-0	(09 11) 86 02-777	info@ gmc-instruments.com	www.gmc-instruments.com
hjs-Elektronik	Prüfgeräte	Funkschneise 5-7 28309 Bremen	(04 21) 41 33 23	(04 21) 41 33 26	hjsuck@ hjs-elektronik.com	www.hjs-elektronik.com
IDENTO	Markierungen	Paul-Ehrlich-Straße 23 63322 Rödermark	(0 60 74) 89 08-0	(0 60 74) 9 58 43	idento@ tycoelectronics.com	www.idento.de
Kopp	FI-Schutzschalter	Alzenauer Straße 66-70 63793 Kahl	(0 61 88) 40-0	(0 61 88) 86 69	vertrieb@kopp-ag.de	www.kopp-ag.de
LEM	Prüfgeräte	Marienbergerstraße 78 90411 Nürnberg	(09 11) 9 55 75-0	(09 11) 9 55 75-30	ide@lem.com	www.lem.com
Multi-contakt	Prüfgeräte	Hövelstraße 214 45311 Essen	(02 01) 8 31 05-0	(02 01) 8 31 05-99	mce@ multi-contact.com	www.multi-contact.com
Neutec	Prüfgeräte	Aidenbachstraße 144 a 81479 München	(0 89) 7 85 81 18	(0 89) 78 58 11 82	neutec.electronic@ t-online.de	in Vorbereitung
Preiser	Prüftafeln	Schlachthofstraße 4-6 31582 Nienburg	(0 50 21) 58 11	(05 21) 50 01	email@peiser-electroanlagen.de	www.peiser-electroanlagen.de
Schieritz	Prüftafeln	Poisentalstraße 82 01705 Freital b. Dresden	(03 51) 64 43-339	(03 51) 64 43-337	ets_prueftechnik@ t-online.de	www.ets-prueftechnik.de
Schupa	Prüfgeräte	Gewerbering 20 58579 Schalksmühle	(0 23 55) 801-0	(0 23 55) 801-801	schupa-elektro@ t-online.de	www.schupa.de

Anhang 4

Informationsblatt für nichtfachkundige Nutzer von Elektroanlagen und ortsveränderlichen elektrotechnischen Geräten (Vorschlag)

Ein solches oder ähnliches Informationsblatt kann ein Elektrofachbetrieb dem Kunden übergeben. Es soll vor allem dem Ziel dienen, den Anteil der Anlagen und Geräte zu erhöhen, die regelmäßig den Fachbetrieben vorgestellt werden. Unser Vorschlag ist eine der vielen Aktivitäten, die im Zusammenhang mit dem „E-Check" das Geschäft beleben und die Elektrosicherheit verbessern sollen [5.10].

Sehr geehrter Kunde,

vielleicht kennen Sie mich schon als Elektromeister, der mit seinen Mitarbeitern hier in Ihrem Wohnbereich tätig ist. Wir installieren und erweitern Elektroanlagen im privaten wie im gewerblichen Bereich und stehen Ihnen zur Verfügung, wenn einmal eine Anlage oder ein Gerät nicht so recht funktioniert. Es liegt aber auch in meiner Verantwortung als Elektrofachbetrieb, vorbeugend für Ihre Sicherheit beim Umgang mit Elektroanlagen und -geräten zu sorgen. Und eben darum geht es mir, wenn ich mich heute an Sie wende.

In den letzten Jahren haben sich die Sicherheitsvorschriften der Elektrotechnik erheblich verändert. Es gibt neue technische Möglichkeiten der Gestaltung einer Elektroanlage, sowohl bezüglich der Sicherheit für ihre Benutzer als auch hinsichtlich des Komforts. Hinzu kommt, dass ältere Elektroanlagen häufig vom natürlichen Verschleiß gekennzeichnet sind. Sie mussten ja den verschiedensten Beanspruchungen standhalten, und das hinterlässt zwangsläufig mehr oder weniger Spuren. Selbst wenn alles ordnungsgemäß funktioniert, ist zu fragen, ob auch die Sicherheit in vollem Umfang vorhanden ist und man auch künftig auf die Zuverlässigkeit seiner Anlage und der Geräte rechnen kann? Dies ist für den fachunkundigen Bürger nicht immer ohne weiteres zu erkennen.

Deswegen bieten wir unsere Fachkenntnisse und unsere Erfahrungen an. Geben Sie uns die Möglichkeit, Ihre Anlage und Ihre Geräte anzuschauen.

Wir werden Ihnen dann sagen, ob und in welchem Umfang wir eine gründliche Prüfung und gegebenenfalls eine Reparatur oder Veränderung als notwendig ansehen.

Bedenken Sie bitte: Zweimal im Jahr werden die Feuerungsanlagen der Häuser vom Schornsteinfeger kontrolliert. Er kommt ins Haus, ob man ihn nun gern sieht oder nicht. Gute Gründe gibt es für diese gesetzliche Regelung. Sie dient dem vorbeugenden Brandschutz und damit Ihrer Sicherheit. Ähnlich ist es mit der Prüfung der Kraftfahrzeuge.
Ebenso eine zwingende Regelung zur regelmäßigen Prüfung besteht auch für die Elektroanlagen der gewerblichen Betriebe, nicht aber für die der Wohngebäude. Leider, meine ich, denn so mancher Elektrounfall, so mancher elektrisch gezündete Brand hätte durch eine rechtzeitige Kontrolle verhindert werden können.

Nach dem Bürgerlichen Gesetzbuch, § 536, hat jeder Vermieter im Rahmen seiner Instandhaltungspflicht auch für den ordnungsgemäßen Zustand der Elektroanlage des vermieteten Gebäudes zu sorgen. Das heisst, die Anlage ist nach den anerkannten Regeln der Technik, den VDE-Bestimmungen, regelmäßig zu prüfen. Wer in den eigenen vier Wänden wohnt, hat im Prinzip die gleiche Pflicht bezüglich der Sicherheit für seine eigene Familie.
Und ebenso ist es bei den Elektrogeräten. Der, dem sie gehören, der sie selbst nutzt oder seinen Familienangehörigen zur Verfügung stellt, der hat auch für die Sicherheit zu sorgen und muss etwaige Schadensfälle verantworten.

Leider aber bleibt es vielfach bei dieser Aufforderung zum vorbeugenden Handeln.
Viele Elektroanlagen und fast alle Elektrogeräte privater Haushalte werden erst dann dem Fachbetrieb vorgestellt, wenn sie nicht mehr funktionieren oder ein Schaden eingetreten ist. In jedem Jahr kommt es als Folge solcher Nachlässigkeit auch zu tötlichen elektrischen Durchströmungen, mitunter sind Kinder betroffen.

Wir bieten uns deshalb an, Ihnen zu helfen, Sie in Fragen der Elektrosicherheit zu beraten. Rufen sie uns an, wenn es um Ihre eigene Anlage, um Ihre Elektrogeräte geht! Verlangen Sie gegebenenfalls von Ihrem Vermieter, dass auch die Elektroanlagen seines Verantwortungsbereichs einmal von einem Fachbetrieb kontrolliert werden!
Selbstverständlich stehe ich Ihnen jederzeit zur Verfügung, wenn Sie mich einmal in meinem Betrieb besuchen, Ihre Fragen stellen und vielleicht bei dieser Gelegenheit gleich Ihre kleinen Elektrogeräte zur Prüfung übergeben.

A

Anhang 5
Prüfzeichen einiger staatlich anerkannter Prüfstellen europäischer Länder

Land	Zeichen	Land	Zeichen	Land	Zeichen
Belgien	CEBEC	Griechenland	HELLENIC MARK OF CONFORMITY / SAFETY ELOT	Niederlande	KEMA EUR
Dänemark	D	Großbritannien	B S / ASA	Norwegen	N
Deutschland Irland	VDE	Österreich			OVE
Finnland	FI	Italien	Y	Schweden	S
Frankreich		Japan	T	Schweiz	+S
EU[1)]	EN 10 / VDE		EN Eur. Norm EC Electr. Certif. 10 Identifikationsnr der Zert.-Stelle (D)		

[1)] Zwischen den nationalen Zertifizierungsstellen gemeinsam vereinbartes Konformitätszeichen der Elektrotechnik

EN Europäische Norm; EC Elektrisch zertifiziert; **10** Identifikationsnummer der Zertifizierungsstelle (hier VDE Prüf- und Zertifizierungsinstitut Offenbach)

Anhang 6
Vergleich der Festlegungen in den Normen DIN VDE 0701 und 0702

Prüfgang/ Grenzwert	DIN VDE 0701 Teil 1 Stand 9/2000		DIN VDE 0702	Bemerkung
Geltungsbereich	alle Geräte		ortsveränderliche/ steckbare Geräte	DIN VDE 0702 ist auch für ortsfeste Geräte anwendbar
Anwendungsbereich	Prüfung nach der Instandsetzung		Wiederholungs-prüfung	Prüfung nach der Instandsetzung ist gleichzeitig auch eine Wiederholungsprüfung
Besichtigen	– Zustand des Geräts und seiner Teile – Ordnungsgemäße Ausführung der Instandsetzung		Zustand des Geräts und seiner Teile	
Nachweis der ordnungsgemäßen Schutzleiterverbindung	Messen des Schutzleiterwiderstands mit $I \geq 0{,}2$ A Grenzwertvorgabe 0,3 Ohm bei einer Anschlussleitung bis 5 m + 0,1 Ohm je weitere 7,5 m, höchstens 1 Ohm			
Nachweis des Isoliervermögens durch Isolationswiderstandsmessung	Durchführung mit 500 V DC			Empfehlung: auch bei der Wiederholungsprüfung immer beide Messungen vornehmen
	zwingend vorgegeben		alternativ zur Ableitstrommessung	
– Schutzklasse I	1 MOhm		0,5 MOhm	
– Schutzklasse II	2 MOhm			
– Schutzklasse III	0,25 MOhm			
Nachweis des Isoliervermögens durch Ableitstrommessung	zwingend vorgegeben		alternativ zur Isolationswiderstandsmessung	Empfehlung: auch bei der Wiederholungsprüfung immer beide Messungen vornehmen
– Schutzleiterstrom SkI I Geräte mit Heizwiderständen	Grenzwertvorgabe 3,5 mA			
	bis 15 mA (s. Tafel 6.7)		keine Festlegung	
– Berührungsstrom SkI II	Grenzwertvorgabe 0,5 mA			
	bei Geräten der Informationstechnik 0,25 mA		keine Festlegung	

Fortsetzung Anhang 6

Prüfgang/ Grenzwert	DIN VDE 0701 Teil 1 Stand 9/2000	DIN VDE 0702	Bemerkung
Nachweis des Isoliervermögens durch eine Spannungsprüfung	nur bei einigen Gerätearten als Alternative	keine Festlegung	
Funktionsprüfung	Nachweis der Grundfunktion Nachweis der Funktion instandgesetzter Teile	Nachweis der Grundfunktion	Keine Volllastprüfung
Dokumentation der Prüfung	erforderlich	keine Festlegung	Forderung wird auch in DIN VDE 0702 aufgenommen

Hinweis zur CD-ROM:

Auf der CD-ROM[1] finden Sie folgende Prüf- und Protokollsoftware sowie Informationen zu lieferbaren Prüfgeräten:

1. **e-manager** (DEMO-Version 3.5B03)
   Geräteunabhängige Prüf- und Protokollsoftware für die elektrische Prüfung nach BGV A2, VDE 0100, VDE 0701/0702 und VDE 0113
   Systemvorausetzungen: MS Windows 95/98/NT 4.0 SP3; mindestens 16 MB Arbeitsspeicher

2. **Gerätetester 0701/0702 D**
   PC-Software 3.02/09.2001 (NEUTEC)
   Systemvorausetzungen: MS Windows 95/98/ME/NT 4.0, 2000; mindestens 5 MB Festplattenspeicherplatz

3. **Prüfgeräte**
   Lieferübersicht (NEUTEC)

---

[1] In der Datei LiesMich.txt finden Sie eine kurze Anleitung zur CD.

Literaturverzeichnis

Abkürzungen
BGFE   Berufsgenossenschaft der Feinmechanik und Elektrotechnik (früher BG d.F.u.E.)
BGV A2   Vorschrift der Berufsgenossenschaft

1. Unfallverhütungsvorschriften (UVV) der Berufsgenossenschaften
[1.1]   BGV A1 Allgemeine Vorschriften
[1.2]   BGV A2 Elektrische Anlagen und Betriebsmittel, einschließlich Anhang 2
[1.3]   BGV A2 100 Arbeitsmedizinische Vorsorge
[1.4]   BGV A2 109 Erste Hilfe
[1.5]   GUV 2.10 Unfallverhütungsvorschrift „Elektrische Anlagen und Betriebsmittel" des Bayrischen Gemeindeunfallversicherungsverbandes

2. Gesetze, Verordnungen
[2.1]   Gesetz über technische Arbeitsmittel (Gerätesicherheitsgesetz) vom 23. 10. 1992
[2.2]   Erste Verordnung zum Gerätesicherheitsgesetz (Niederspannungsrichtlinie der EG) vom 11. 6. 79 GBl. I, S. 629
[2.3]   Strafgesetzbuch
[2.4]   Arbeitsstättenverordnung
[2.5]   Produkthaftungsgesetz
[2.6]   Arbeitsschutzgesetz
[2.7]   Produktsicherheitsgesetz

3. DIN-VDE-Normen
[3.1]   DIN 31000 Allgemeine Leitsätze für das sicherheitgerechte Gestalten technischer Erzeugnisse
[3.2]   T 10 Anforderungen an die im Bereich der Elektrotechnik tätigen Personen
[3.3]   DIN VDE 0100 Bestimmungen für das Errichten von Starkstromanlagen mit Nennspannungen bis 1000 V

[3.4]	T 410 Schutzmaßnahmen; Schutz gegen elektrischen Schlag
[3.5]	T 420 Schutz gegen thermische Einflüsse
[3.6]	T 610 Prüfung; Erstprüfung
[3.7]	DIN VDE 0104 Errichten und Betreiben elektrischer Prüfanlagen
[3.8]	DIN VDE 0105 Teil 100 Betrieb von Starkstromanlagen
[3.9]	DIN VDE 0106 Schutz gegen elektrischen Schlag
[3.10]	T 1 Klassifizierung von elektrischen und elektronischen Betriebsmitteln
[3.11]	T 101 Grundanforderungen an die sichere Trennung in elektrischen Betriebsmitteln
[3.12]	T 102 Verfahren zur Messung von Schutzleiterstrom und Berührungsstrom (E)
[3.13]	DIN VDE 0403 Messen, Steuern, Regeln; Durchgangsprüfgeräte
[3.14]	DIN VDE 0404 Messen, Steuern, Regeln; Geräte zur sicherheitstechnischen Prüfung von elektrischen Betriebsmitteln
[3.15]	T 1 Allgemeine Festlegungen
[3.16]	T 2 Geräte bei Wiederholungsprüfungen
[3.17]	DIN VDE 0411 Teil I Sicherheitsbestimmungen für elektrische Mess-, Steuer- und Regel- und Laborgeräte
[3.18]	DIN VDE 0413 Messen, Steuern, Regeln; Geräte zum Prüfen der Schutzmaßnahmen in elektrischen Anlagen
[3.19]	T 1 Isolationsmessgeräte
[3.20]	T 4 Widerstandsmessgeräte
[3.21]	T 6 Geräte zum Prüfen der Wirksamkeit von FI- und FI-Schutzeinrichtungen
[3.22]	DIN VDE 0432 Hochspannungs-Prüftechnik
[3.23]	DIN VDE 0700 Sicherheit elektrischer Geräte für den Hausgebrauch und ähnliche Zwecke
[3.24]	T 1 Allgemeine Anforderungen
[3.25]	DIN VDE 0701 Instandsetzung, Änderung und Prüfung elektrischer Geräte
[3.26]	T 1 Allgemeine Anforderungen
[3.27]	T 2 Rasenmäher und Gartenpflegegeräte
[3.28]	T 3 Bodenreinigungsgeräte und Maschinen
[3.29]	T 4 Sprudelbadegeräte
[3.30]	T 5 Großküchengeräte
[3.31]	T 6 Ventilatoren und Dunstabzugshauben
[3.32]	T 7 Nähmaschinen
[3.33]	T 8 Ortsfeste Wassererwärmer für den Hausgebrauch und ähnliche Zwecke
[3.34]	T 10 Speicherheizgeräte für den Hausgebrauch und ähnliche Zwecke

[3.35]	T 11 Raumheizgeräte für den Hausgebrauch und ähnliche Zwecke
[3.36]	T 12 Saunaheizgeräte und elektrisches Zubehör für den Hausgebrauch und ähnliche Zwecke
[3.37]	T 13 Herde, Tischkochgeräte, Backöfen und ähnliche Geräte für den Hausgebrauch
[3.38]	T 200 Netzbetriebene elektronische Geräte und deren Zubehör für den Hausgebrauch und ähnliche allgemeine Anwendungen
[3.39]	T 240 Sicherheitsfestlegungen für Datenverarbeitungs-Einrichtungen und Büromaschinen
[3.40]	T 260 Handgeführte Elektrowerkzeuge
[3.41]	DIN VDE 0702 Wiederholungsprüfungen an elektrischen Geräten
[3.44]	DIN VDE 0710 Vorschriften für Leuchten mit Betriebsspannung unter 1000 V
[3.45]	T 19 Ortsveränderliche Gartenleuchten
[3.46]	DIN VDE 0711 Leuchten T 1 Allgemeine Anforderungen
[3.47]	T 204 Ortsveränderliche Leuchten für allgemeine Zwecke
[3.48]	T 207 Ortsveränderliche Gartenleuchten
[3.49]	T 208 Handleuchten
[3.50]	DIN VDE 0720 Teil 1 VDE-Bestimmungen für Elektrowärmegeräte für den Hausgebrauch
[3.51]	DIN VDE 0737 Teil 1 VDE-Bestimmung für Geräte mit elektromotorischem Antrieb für den Hausgebrauch und ähnliche Zwecke
[3.52]	DIN VDE 0740 Teil 1 Handgeführte Elektrowerkzeuge, allgemeine Bestimmungen
[3.53]	DIN VDE 0750 Teil 1 Medizinische elektrische Geräte, allgemeine Festlegungen
[3.54]	DIN VDE 0751 Instandsetzung, Änderung und Prüfung von medizinischen elektrischen Geräten
[3.55]	DIN VDE 0805 Sicherheit von Einrichtungen der Informationstechnik einschließlich elektrischer Büromaschinen
[3.56]	DIN VDE 0113 Sicherheit von Maschinen; elektrische Ausrüstungen von Maschinen

4. Richtlinien, Verordnungen, Informationsschriften

[4.1]	Vorschriften und Richtlinien, herausgegeben vom Gesamtverband der deutschen Versicherungswirtschaft e. V. (GVD), Köln
[4.2]	Sicherheitsregeln für die Wiederholungsprüfung elektrischer Betriebsmittel, BG d. F. u. E. 1994

[4.3] Sicherheitsregeln für den Einsatz von elektrischen Betriebsmitteln bei erhöhter elektrischer Gefährdung, BG d. F. u. E.
[4.4] Richtlinie der Berufsgenossenschaften BGI 594 Einsatzbereiche ortsveränderlicher Betriebsmittel

5. Fachliteratur
[5.1] *Stiller, Leichsenring:* Kostensenkung durch Arbeitssicherheit. BG d. F. u. E. 1989
[5.2] *Simon, Sobatschinski:* Die Sicherheit in der Elektrotechnik. Band 1 bis 4. Berlin: Verlag Christiani, vde-Verlag 1989
[5.3] *Leichsenring, Petermann:* Die Pflichten des Unternehmers in der Arbeitssicherheit. Hürth: Greven und Bechthold GmbH 1993
[5.4] *Bödeker:* Der Prüfplatz in der Elektrowerkstatt. Berlin: Verlag Technik 1994
[5.5] *Winkler, Lienenklaus, Rontz:* Sicherheitstechnische Prüfungen elektrischer Anlagen mit Spannungen bis 1000 V. Berlin: vde-Verlag 1991
[5.6] Verzeichnis der DIN-VDE-Normen. Band 2 der VDE Schriftenreihe. Berlin: vde-Verlag 1995
[5.7] *Egyptien, Schliephacke, Siller:* Erläuterungen und Hinweise für den betrieblichen Praktiker zur Unfallverhütungsvorschrift BGV A2. BG d. F. u. E. 1997
[5.8] *Novak:* Normen und Schutzarten für die Elektroinstallation. München: Pflaum 1985
[5.9] *Egyptien:* Einsatzbereiche von ortsveränderlichen Betriebsmitteln. Elektropraktiker 50 (1996) 7, S. 508
[5.10] *Schmitt:* Was Kunden wirklich wünschen. Berlin: Verlag Technik 1997
[5.11] *Bödeker, Kindermann:* Fehlerstromschutzschalter; Auswahl, Einsatz, Prüfung. Berlin: Verlag Technik 1997
[5.12] *Kionka:* Sicherheitsprüfungen an gebrauchten Elektrogeräten. Berlin: vde-verlag 1996
[5.13] *Bödeker, K.; Kindermann, R.:* Erstprüfung elektrischer Gebäudeinstallationen. Berlin: Verlag Technik 1999
[5.14] *Slischka, H.-J.:* Elektroanlagen für die ambulante Medizin. Berlin: Verlag Technik 2000
[5.15] *Grapentin, M.:* EMV in der Gebäudeinstallation – Probleme und Lösungen. Berlin: Verlag Technik 2000

Register

Die fettgedruckten Begriffe sind zusätzlich im Anhang 1 definiert

Ableitstrom 39, 63, 87, 95, 106, 120	
Änderung	18
Abschaltbedingung	74
Anpassung	57
Arbeitssicherheit	19, 130f.
Automatisierung	118
Basisschutz	30f.
Bemessungswert	48
Berührungsstrom	38f., 94, 113ff.
Beschaltung	96
Beschaltungselement	84, 116
Besichtigen	61, 69f.
Bestandsschutz	118
bestimmungsgemäß	27, 30, 52
CE-Zeichen	36
Differenzstrom	88
Dokumentation	36, 49
Drehstromgerät	106
Durchströmung	38
Eingangsprüfung, s. Erstprüfung	
elektrische Betriebsmittel, Gerät	11ff.
elektrischer Schlag	38
Elektrofachkraft	20f.
elektronische Baugruppe	83
Elektrosicherheit	13
elektrotechnisch	

unterwiesene Person	20f.
Elektrounfall	11
Erproben	61, 102
Ersatz-Ableitstrommessung	97
Erstprüfung	5, 52
Fahrlässigkeit	28
Fehler	28
Fehlerschutz	30f.
Fehlerstrom	87, 93ff.
fest angeschlossenes Gerät	67
Funktionsprüfung	54
Gebrauchsfehler	113, 115
Gehäuseableitstrom s. Schutzleiterstrom	
Gefährdung 9, 37, 102, 110, 113, 120f., 131f.	
Gefährdungsbeurteilung	132, 136
Gefahr	40
Gerätekennzeichnung	147
Genauigkeit	113
Grenzwert, Grenzwertanzeige	23, 38, 82, 96, 116f.
GS-Zeichen	34ff., 107
Heizwiderstand	99
Instandsetzung	18, 25, 52f., 108

179

Isolationsfehler	96	Prüfvorbereitung	123f.
Isolationswiderstand	**63, 78ff.,**	Prüfvorgabe	19, 23f., 61, 81
113ff.		Prüfvorschrift	127
Isoliervermögen	**78, 102**	Prüfzeichen	34ff., 36
		Prüfzeit	**16f.**
Ja/Nein-Aussage	119f,	Prüfzubehör	158

Kalibrierung (Prüfung
der Prüfgeräte) 118
Kategorie 50
Kennwert 48
Körperstrom 38

Mangel 10, 15, 57
Messen 61, 78ff., 88f.
Messfehler 115, 122
Mindestforderung 24

Nennwert 48
Netzsteckdose 111, 119
niederohmig 38, 71

ortsfest 25
ortsveränderlich 25, 102

Protokollierung 110, 125
Prüfaufwand 16
Prüfen 19, 61
prüffähig 35
Prüffrist 51, 55ff., 129
Prüfgerät 107, 111, 116, 157
Prüfmittel 157
Prüfpflicht 22
Prüfplatz, Prüfort 128f., 134
Prüfprogramm 62, 70
Prüfprotokoll 144
Prüfsteckdose 111, 119
Prüfstelle 35
Prüfstrom 76f.
Prüfung nach Instandsetzung
108ff.

Reststrom, s. Differenzstrom

Schutzart 42f.
Schutzisolierung 40
Schutzklasse 41ff., 62
Schutzleiter 62, 72, 77
Schutzleiterprüfung 67
Schutzleiterstrom 39, 88ff., 113
Schutzleiterverbindung 71
Schutzleiterwiderstand 113ff.
Schutzmaßnahme 33, 45, 134
Sicherheit 30f.
Spannungsprüfung 102

Temperatur 44

Übergangswiderstand 75

VDE-Prüfzeichen 34ff., 107
Veränderung 26
verantwortliche
Elektrofachkraft 20f.
Verantwortung 19, 21, 54

Wiederholungsprüfung 116, 27,
35, 52, 107

Zusatzschutz 31